可用性测试

Usability Testing

由芳　王建民　主编

中山大学出版社
SUN YAT-SEN UNIVERSITY PRESS

·广州·

图书在版编目（CIP）数据

可用性测试/由芳，王建民主编．—广州：中山大学出版社，2017.8
ISBN 978 - 7 - 306 - 06116 - 4

Ⅰ.①可…　Ⅱ.①由…②王…　Ⅲ.①可用性—测试　Ⅳ.①TB114. 2 - 34

中国版本图书馆 CIP 数据核字（2017）第 175521 号

KEYONGXING CESHI

出 版 人：徐　劲
策划编辑：王　润
责任编辑：邓子华
封面设计：林绵华　龚　晶
责任校对：谢贞静
责任技编：何雅涛
出版发行：中山大学出版社
电　　话：编辑部 020 - 84110283，84111996，84111997，84113349
　　　　　发行部 020 - 84111998，84111981，84111160
地　　址：广州市新港西路 135 号
邮　　编：510275　传　　真：020 - 84036565
网　　址：http：//www. zsup. com. cn　E－mail：zdcbs@ mail. sysu. edu. cn
印 刷 者：佛山市浩文彩色印刷有限公司
规　　格：889mm × 1194mm　1/24　11. 5 印张　265 千字
版次印次：2017 年 8 月第 1 版　2017 年 8 月第 1 次印刷
定　　价：45. 00 元

　　用户体验是用户在与一个产品或服务进行互动的过程中建立的纯主观心理感受，涉及该产品或服务的方方面面。也许有人会认为用户体验是主观的、难以测量的模糊描述，带有一定的不确定性。但事实并非如此，用户体验可以被度量，方法是应用可用性测试。

　　可用性测试是基于一定的可用性准则来评估产品的一种技术，其核心是从用户的角度去探讨、设计。在这点上，其实是与用户体验相通的。多数可用性问题的出现主要由一个基本问题导致，即设计团队中的某个人做重要的设计决策时没有掌握关键的用户信息，反而从个人的角度去主观猜测用户的心理和行为，以至于无法明确用户的真正需求。可用性测试可以帮助解决大部分的用户体验问题。通过可用性测试评估产品的整体质量，收集定量、定性数据，查找用户使用产品时出错的原因等等，以改进界面设计、产品流程，从而达到项目的可用性目标。在移动互联网时代，不断地进行迭代设计是产品设计管理中的重要一环。如果产品的用户体验质量没有得到提高，很快就会被用户抛弃。而可用性测试可以帮助明确产品的定位，解决影响产品使用效率和用户满意度的问题。

　　可用性测试的方法多种多样，可以通过问卷调查和访谈用户的方式进行，亦可在实验室或现场进行用户测试，还可以采用现代技术实施用户网络行为数据分析。总之，用户在与产品交互过程中的各种行为和态度都可以被定性或定量地测量，例如，用户使用产品完成任务的成功率、花费的时间、期间鼠标的点击次数、愉悦或困惑的自我报告频率，甚至是用户扫描界面时注意力变化的路径，等等。整理和分析可用性测试收集到的这些数据，我们可以获得对用户体验更加直观的感受，继而以用户价值为依归，提高产品的用户体验。

有关可用性的知识涉及多个领域。因此，可用性专家一般不局限于某个单一的领域，他们可能有着不同的专业背景，如计算机科学、软件工程、信息管理、心理学和设计学等，但他们都有着一个共同的目标——以用户为中心，使产品更好用。一方面，不同专业背景的可用性专家互相沟通交流，协同合作，可以从不同的角度去研究产品或服务的可用性，然后完善产品或服务的可用性测试；另一方面，这也要求可用性专家最好能够涉猎多个领域的知识，同时明白自身的专业短板，虚心求教。需要注意的是，这并不意味任何类型的工作人员都能成为可用性专家。他们的工作也并不是简单的经验数据收集或是人机交互研究，而必须经过丰富的理论知识学习和专业的实践培训。

随着可用性思想和可用性测试方法概念的不断发展，希望在产品设计流程中能够积极运用相关的测试方法来提高产品的可用性和提升其用户体验的人员群体也在逐渐扩大，这导致很多缺乏正规可用性工程培训的产品经理、软硬件工程师或界面设计师不得不承担起产品可用性问题的责任。人们虽然认识到可用性测试可以改善产品质量，但由于正规的可用性测试流程极其复杂，费用较高，很少有开发者愿意按照正规流程去做。在本书中，我们完整阐述了一套可普遍实行的可用性测试方法，致力于缩小理论与实践之间的"鸿沟"，让任何人都能够及早并系统地对其产品，如网站、应用程序、服务流程及其他相关产品进行可用性测试，从而将可用性问题消灭在萌芽状态。

　　本书主要包括七个章节。第一章主要是基本概念的介绍，涉及一些关键词的定义、属性，并对它们进行了更加细致地解剖。第二章主要介绍了可用性测试方法的解析，如边说边做法的适用范围、眼动仪测试的实际运用等。第三章主要是我们通过多年科研工作总结出来的一套相对完整的可用性流程规范。第四章、第五章以及第六章分别对可用性测试常见的实验室测试、用户现场测试以及眼动测试进行具体展开分析，在每一种测试方法下借助案例测试方法的应用。第七章，以一个大的项目案例将可用性测试的方法进行运用说明。本书还包含了多个实践案例和多种测试材料，从一个相对完整的视角出发，告诉读者如何进行简易的可用性测试，进而明确可用性测试如何帮助设计师设计出兼具更高可用性和良好用户体验的产品或服务。本书作为可用性测试的实践性专业书籍之一，在丰富的理论基础上结合真实的实践案例进行多维度的讲述，希望能够激发读者的思维，帮助他们改进产品或服务的可用性。

　　只要您对可用性测试感兴趣，您就是我们的目标读者。无论您是业界内的可用性测试工作人员，还是在读本书之前毫无相关知识背景的可用性测试"小白"，或者是计算机科学、心理学、工业设计等相关专业的高校学生，在这里，我们都衷心祝愿您阅读完此书后能获益良多。

　　感谢为本书奉献大量时间和精力的陈光花和同济大学艺术与传媒学院用户体验实验室的团队成员，他们花费大量时间编辑、校对、与出版社沟通。感谢传媒学院王建民教授一直鼓励、关心和支持本书的撰写。感谢陈慧妍、程翠琼、孙诗童、王雨佳、杨九英等参与本书的编写。感谢中山大学出版社的邓子华编辑的耐心沟通。感谢相关领域专家的支持和认可。正是大家的鼓励和坚持才有了本书的出版，在此再次一并致谢。

本书始编写于 2013 年，初稿完成于 2017 年。基于可用性测试在产品设计流程中的使用群体日渐扩大，以及提升用户体验的人员群体也在逐渐扩大，在本书初稿完成以后，作者和部分其他专家着手编撰一本面向设计相关专业学生和爱好者的教材。本书作者得到同济大学的研究生精品课程教材等的资助。

由于时间紧迫，加上编者水平有限，书中难免有错误、疏漏之处，敬请广大读者谅解。若有任何建议，欢迎致信作者。

2017 年 3 月

眼动测试 / 157

某直销企业商务随行软件可用性测试 / 171

1

概　述

1.1 什么是可用性

20 世纪 70 年代末，随着计算机技术的发展，研究者提出可用性（usability）的概念，并开始对其评估方法和应用进行研究。可用性是一门涉及多个领域的学科，包括工业设计、计算机、心理学、人体测量学、统计学等。关于可用性的定义和概念也在不断发展。

1983 年的国际标准 ISO 9241 对可用性做出了以下定义：可用性指特定用户在特定的使用背景下，使用某个产品达到特定目标的有效性、效率和满意度的大小。有效性指用户达到某特定目标的正确度和完成度。效率指当用户在一定的正确度和完成下达到特定目标时所消耗的与之相关的资源量。满意度指使用产品的舒适度和可接受程度。

Jakob Nielsen，著名的可用性大师，在国际可用性工程领域享有盛誉，他认为在某种程度上可用性是一个较窄的概念，它是一个质量属性，用来评价用户能否很好地使用系统的功能。

可用性具有 5 个属性，直接影响用户对产品或系统的体验：

（1）可学习性。系统应当容易学习，用户可以在短时间内开始用系统来做某些事情。

（2）高效率。系统的使用应当高效，因此当用户学会使用系统之后，可能具有高的生产力水平。

（3）可记忆性。系统应当容易记忆，那些频繁使用系统的用户，在中间有一段时间没有使用之后还能够使用系统，而不用一切从头学起。

（4）低出错率。系统应当具有低的出错率，能够防止灾难性错误发生，用户在使用系统的过程中能少出错，在出错之后也能够迅速恢复。

（5）高满意度。系统应当使用起来令人愉快，让用户在使用时主观上感到满意,喜欢使用系统。

　　随着互联网的快速发展,还有其他一些重要的属性也越来越受到重视,如个人情感、社会认同等,因此必须以更全面的角度来审视可用性问题。图1-1是针对可用性属性建立的体系模型。

图1-1　可用性的属性模型

　　功用性指设计是否提供了用户需要的功能;而新模型里的效率则包含了易学性、可记忆性和容错性;协调性强调如在社交类游戏里需要考虑玩家之间的协调性问题;人因情感体现在生理层面上的视觉、触觉、听觉所感知的色彩、形态、质地等,以及在心理层面上的情绪、心境、人格所表现出来的意识、审美、回忆等活动;社会可接受性是从社会网络视角来看待用户与产品交互过程逐渐形成的品牌认同、自我发展和社会同一性等问题。

在产品的设计中，可用性非常值得重视，仅仅满足产品的功用性已经远远不能达到用户的要求。一款可用性好的产品，能够在特定的工作背景下给用户带来便利以及愉悦的体验。因此，一个良好运作的设计团队应当把可用性作为质量系统的一部分来进行产品设计的研发。

1.2 什么是可用性测试

可用性测试的概念在 1981 年被首次提出，当时，美国的施乐公司在 Xerox Star 工作站（Xerox 8010 Information System）的开发过程中引入了可用性测试的流程。1984 年，美国财务软件公司 Intuit Inc. 在其个人财务管理软件 Quicke 的开发过程中引入了可用性测试的环节。Scott Cook（Intuit Inc. 公司的创立者之一）也曾经表示，"我们在 1984 年做了可用性测试，比其他人早了 5 年的时间"。① 经过了 30 年的发展和应用，可用性测试已成为产品（服务）设计开发和改进维护各个阶段必不可少的环节。

广义的可用性测试是基于一定的可用性准则评估产品的一种技术，用于探讨一个客观参与者与一个设计在交互测试过程中的相互影响，是一个结构化的过程，主要通过方法来进行区别。不同的可用性测试方法在产品研发和设计过程的运用、使用时机和所产生的作用不同，在定性和定量上的侧重点也不同。而狭义的可用性测试一般指用户测试，就是让用户真正地使用软件系统，由实验人员对实验过程进行观察、记录和测量。

Jakob Nielsen 在《可用性工程》一书中定义可用性测试是一项通过用户的使用来评估产品的技术，由于它反映了用户的真实使用经验，所以可以视为一

---

① 维基百科. 可用性测试［EB/OL］. http://baike. baidu. com/link?url = MH7aA1DzuqVB-B06F3Vi0GXfYgbC2FD_ gStDaw1WSzEK47BKderAAtzGT － po_ Nq5Kolg4uJ6yDacSqtRuqp5gg2l － kb61oVd － 7yJXSJ6KKABLrEAqSFOS6UXeubzYPEDTfOOfVHWw3wPiad6B2zJoK，2016 － 12 － 10.

种不可或缺的可用性检验过程。产品的可用性是能够被定义、形成文档而且能够核实的。根据 ISO 9242—11—1998 号国际标准，一个可用性测量的描述应该包括：在特定的使用背景下，有效性、效率和满意度的具体数值或者对象。通常情况下，对有效性、效率和满意度需要逐个进行至少 1 次的测量。只有对有效性、效率和满意度进行了测量，才能评估一个工作系统的组建对整个工作系统的影响是怎样的。

　　一个典型的可用性测试主要有 3 个组成部分，包括代表性用户、代表性任务和观察者，招募有代表性的用户来完成产品的典型任务，然后观察并记录下各种信息，界定出可用性问题，最后提出使产品更易用的解决方案。ISO 9241—1998 标准明确定义了用户就是测试过程中与产品进行交互的人；任务是为了达到目标而必须进行的活动，可以是物理活动，也可以是认知活动。另外，可用性测试很讲究产品的使用环境，不同的环境很大程度上决定了具体采用哪种可用性测试方法，不同的测试环境也会直接影响到测试结果，因此，当应用背景不同时，其测量出的可用性等级也可能会有显著的不同。使用环境是用户、目标、任务、设备（硬件、软件和原料），以及使用产品的物理环境和社会环境（图 1 - 2）。

　　在尽可能不对用户产生干扰的前提下，观察用户完成一定的任务。用户在哪一步遇到了困难，哪一步成功完成等，这些都让用户发言，然后记录下来

图 1 - 2　可用性测试进行中

从用户、任务特点和使用背景这三者之间交互复杂性的角度看，可用性测试显得尤为重要。概括地说，可用性测试的作用主要体现在以下 3 个方面。

（1）获取反馈意见以改进设计方案。

（2）评估产品是否实现用户和客户机构的需求目标。

（3）为了适应变化的用户需求，必须对系统进行不断地调整，而可用性测试则能够通过收集各种有关用户需求的数据以获得反馈，为提升产品可用性指标提供数据来源（图 1-3）。

图 1-3 可用性测试的共同属性

另外，可用性测试，有时也会被称为可用性评估。根据评估的时机不同，可用性评估一般被分为两种：形成性可用性评估和总结性可用性评估。这两种评估在产品设计、实现和测试整个开发流程中都起着重要作用。

1.2.1 形成性可用性评估

形成性可用性评估一般是在设计完成之前进行，且越早进行效果越好，用于获得用户对产品或服务的反馈意见。在评估过程中，尽可能地发现可用性问题，然后提出改进意见。如果有必要，可能会重复进行多次形成性可用性评估。

形成性可用性评估的目的是收集定性数据，即对可用性问题发生的状况及原因做定性的调查，查找出错的原因，然后改进界面设计。

1.2.2　总结性可用性评估

总结性可用性评估则是在设计完成之后进行，大多采用较严格且更加正式的定量评价，对产品的使用效率、有效性和用户满意度进行度量，引导形成关于产品的可用性特性文档。

总结性可用性评估将会回答的问题如图1-4。

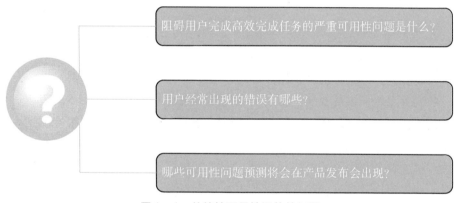

阻碍用户完成高效完成任务的严重可用性问题是什么？

用户经常出现的错误有哪些？

哪些可用性问题预测将会在产品发布会出现？

图1-4　总结性可用性评估的问题

总结性可用性评估通过走查用户需求和对比设计等收集定量数据，例如反应时间、错误率，来评定产品的整体质量（图1-5）。

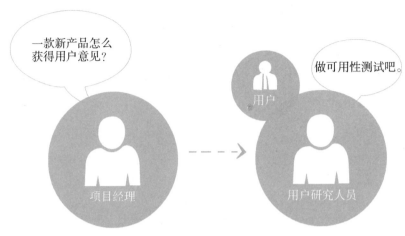

图 1 -5　可用性测试的定位

　　可用性测试作为产品团队的切入点,引导产品真正走向用户,从而获得用户意见以提升产品整体的体验感。

　　各交互系统的设计及开发都与可用性测试密切相关,可用性测试适用于整个工作系统中使用的产品,如图 1 -6 所示。在设计初期进行的可用性测试主要是为了获取用户意见来指导设计,使设计方案更贴合用户需求,而此阶段的可用性测试主要是利用一些模拟系统来完成。完成原型设计后,可用性测试能够针对原型提出反馈意见,以改进设计方案,直到系统满足设定的用户和组织需求。同时,可用性测试能够为以后的产品设计提供指导与参考。

　　由此可看出,可用性测试在设计流程中的每个阶段都发挥着不可忽视的作用,包括:开始新设计之前对旧设计的测试、早期对竞争对手的设计的测试、低保真原型到高保真原型的多次迭代测试和最终设计的测试等。因此,适时进行既快又便宜的测试很重要。

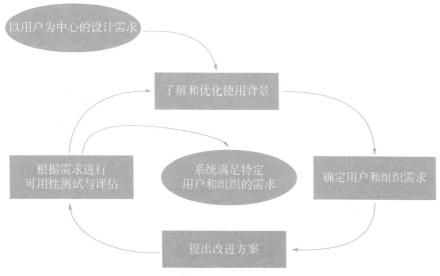

图 1 - 6　以用户为中心的设计活动的相互依赖

1.3　可用性测试国际标准综述

随着可用性的广泛应用，与其相关的各项标准逐渐制定并发布使用。通过标准化以用户为中心的设计（user centered design，UCD）和可用性测试流程，使其为各项目开发发挥积极作用，从而获得贴近用户需求、被用户所喜欢使用的产品。

根据目前标准的发布实施情况，以用户为中心设计及可用性相关的国际标准共有 38 项。从比例上看，1995—1999 年相关标准的发布量最大。2000 年后，相关标准的制定情况发展稳定。其中，2008 年新发布实施的有 3 项，都是属于ISO 9241 标准系列的一部分。图 1 - 7 总结了国外对 UCD 及可用性相关标准的制定情况。

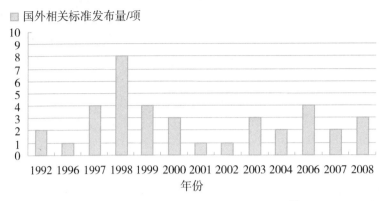

图 1-7　UCD 及可用性相关标准国外制定情况

对比国外标准的制定情况，我国 UCD 及可用性相关标准发展起步较晚，2000 年后才有相关标准的发布实施。总体上看，国内 UCD 及可用性相关标准共有 13 项，都是国家标准（GB）。根据其内容，这 13 项国家标准均等同采用相应的 ISO 国际标准。等同采用（identical，IDT）指的是我国标准与国际标准在技术内容和文本结构上相同，或者与国际标准在技术内容上相同，只存在少量编辑性修改。因此，我国目前有关可用性标准发展滞后，没有自主制定的 UCD 及可用性相关标准。图 1-8 总结了 UCD 及可用性相关标准在国内的制定情况。

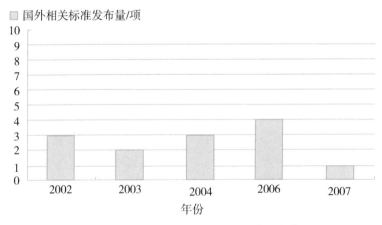

图 1-8　UCD 及可用性相关标准国内制定情况

1.3.1 可用性相关标准分类依据

以用户为中心的设计过程，就是一个实现可用性的过程。在项目开发期间，通过开展以用户为中心设计的各项活动，让项目开发过程始终体现用户需求，使产品实现设定的可用性目标。

一个以用户为中心设计的过程主要包括以下活动（图1-9）：

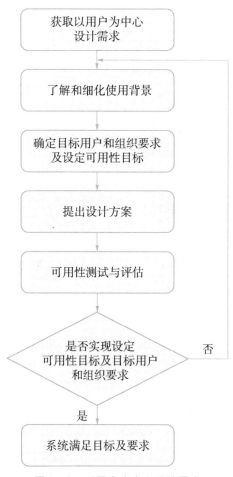

图1-9 以用户为中心设计需求

（1）了解和细化使用背景。

（2）确定目标用户和组织要求及设定可用性目标。

（3）提出设计方案。

（4）可用性测试与评估。

本书以上述 UCD 的 4 个阶段活动为依据，对目前可用性相关标准进行分类，并总结各标准的主要内容。

1.3.2　可用性相关标准主要内容

可用性相关标准有 GB/T 18976—2003、GB/T 18978.1—2003 和 ISO/TR 18529：2000 Ergonomics，这 3 个标准综合说明了以用户为中心设计的整个过程，标准内容涉及 UCD 各基本活动（表 1-1）。

表 1-1　可用性相关标准

国际标准号	国家标准号	名称
ISO 13407：1999，IDT	GB/T 18976—2003	以人为中心的交互系统设计过程
ISO 9241—1：1997,IDT	GB/T 18978.1—2003	使用视觉显示终端（VDTs）办公的人类工效学要求 第 1 部分：概述
ISO/TR 18529：2000	无对应的国家标准	Ergonomics of human-system interaction：Human-centred lifecycle process descriptions

GB/T 18976—2003（ISO 13407：1999，IDT）标准以用户为中心设计，阐述了设计原则、UCD 活动、活动之间的依赖关系以及每阶段活动需考虑的事宜。使用该标准，能够让项目管理者从整体上了解人类工效学等技术对设计的重要性和相关性，从而更好地进行以用户为中心设计项目的策划和管理。

GB/T 18976—2003 主要内容如下。

（1）以人为中心的设计原则。①用户的积极参与和对用户及其任务要求的清楚了解；②在用户和系统之间适当分配功能；③反复设计方案；④多学科设计。

（2）以人为中心的设计活动及其相互依赖关系。以人为中心设计的主要活动包括①了解并规定使用背景；②规范用户和组织要求；③提出设计方案；④根据要求评估设计。

GB/T 18978.1—2003（ISO 9241—1：1997，IDT）等同于国际标准 ISO 9241—1：1997。而 ISO 9241 为系列标准，总共包括 21 部分。其中第 1 至 17 部分是有关使用视觉显示终端（VDTs）办公的系统各方面的人类工效学设计要求，内容涉及硬件、软件、环境以及通用性等规范要求。在以用户为中心设计的不同阶段活动，可以应用 ISO 9241 的相应部分对 VDTs 进行设计，使其更符合人的需求。

GB/T 18978.1—2003 主要内容如下：

（1）概要介绍 GB/T 18978 各部分标准，分别给出了每部分的概要和应用范围。

（2）提供 GB/T 18978 使用指南，从通用指南、设计和评价特定要求以及用户绩效测试 3 个方面，给出了标准的使用建议。

ISO/TR 18529：2000 定义了如何描述 UCD 各活动。每个活动描述由目标陈述和一系列的基本程序组成（图 1 - 10）。

该标准还针对 ISO 13407 中以人为中心设计的 4 项活动，给出每个进程描述。以下是规范用户和组织要求活动在 ISO/TR 18529 的定义描述：

进程 2：规范用户和组织要求

目标陈述：

确定组织和其他相关人员对系统的要求，要求充分考虑系统中各相关人员的需求、能力和工作环境。

基本程序：

（1）明确系统目标，并制作相关文档。

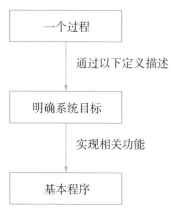

图 1 - 10　ISO/TR 18529 中的进程定义格式

（2）分析系统中各相关人员。

（3）评估各相关人员所承担的风险。

（4）定义系统用途。

（5）生成组织和系统中相关人员要求。

（6）设定使用质量目标。

1.3.3　了解和细化使用背景

本阶段活动通过了解、细化及确定系统的使用背景，从而指导系统设计及评价。系统使用背景主要包括目标用户特征、任务和系统使用环境，其中，使用环境又包括硬件、软件和社会环境等。

与了解和细化使用背景活动相关的标准如表1-2所示。

表1-2　了解和细化使用背景的相关标准

国家标准号	名　　称	国际标准号
GB/T 18978.2—2004	使用视觉显示终端（VDTs）办公的人类工效学要求 第2部分：任务要求指南	ISO 9241—2：1992，IDT
（无对应的国家标准）	Ergonomic requirements for office work with visual display terminals（VDTs）： Part 3：Visual display requirements. Part 4：Keyboard requirements. Part 5：Workstation layout and postural requirements. Part 6：Guidance on the work environment. Part 7：Requirements for display with reflections. Part 8：Requirements for displayed colours. Part 9：Requirements for non-keyboard input devices	ISO 9241
（无对应的国家标准）	Ergonomics of human-system interaction： Part 400：Principles and requirements for physical input devices	ISO 9241

续表 1 - 2

国家标准号	名　称	国际标准号
（无对应的国家标准）	Ease of operation of everyday products： Part 1：Design requirements for context of use and user characteristics	ISO 20282—1：2006
（无对应的国家标准）	Medical devices：Application of usability engineering to medical devices	IEC 62366：2007

（1）GB/T 18978.2—2004（ISO 9241—2：1992，IDT）。该标准旨在把人类工效学的技术知识应用到任务设计中，以提高单个用户的效率和舒适性。

GB/T 18978.2—2004 主要内容如下：

1）给出任务设计的目标。

2）良好任务设计的特性：①识别用户群的经验和能力；②提供各种合适的技能、能力和活动的应用；③确保所执行的任务被识别为整体工作单元而不是零碎片段；④为用户确定优先次序、操作速度和程序方面提供适度的自主性；⑤以用户可理解的术语对任务绩效提供足够的反馈；⑥为与任务有关的现有技能的提高和新技能的获得提供机会。

3）从组织、工作设备和物理工作条件以及人员三方面，阐述如何制订有关任务设计的有效计划。

（2）ISO 9241 第 3～9 部分，第 400 部分。ISO 9241 第 3 至第 9 部分从硬件和环境等方面描述了有关应用视觉显示终端办公的系统使用背景，为该类型的系统开发和设计提供指导原则。而第 400 部分则集中说明关于物理输入设备的要求，该部分适用于人机交互系统，使用范围不仅限于 VDTs。

（3）ISO 20282—1：2006。该标准从易操作性角度，针对日常用品，提出设计要求和指导原则。

ISO 20282—1：2006 主要内容如下：①易操作性定义：操作有效性、操作效率和操作满意度。②从目标、与其他设备相关性、物理环境因素和社会环境因素四个方面，说明日常用品使用背景。③阐述如何确定目标用户群和区分用户特性（表1-3）。

表1-3 用户特性表

用户特性	心理和社会特性						物理和感官特性					人口统计	
	认知能力	知识和经验		文化区别	读写能力	语言	人体尺寸	生理机制	视觉能力	听觉能力	左右撇子	年龄	性别
用户子特性		用户期望和智力模型	传统观念	对待新颖事物的态度									

1.3.4 确定目标用户和组织要求及设定可用性目标

本阶段活动是在确定使用背景的基础上，进一步明确与使用背景相关的用户和组织要求，建立可用性设计目标等。

与确定用户和组织要求活动相关的标准如表1-4所示。

表1-4 确定用户和组织要求活动的相关标准

国家标准号	名 称	国际标准号
GB/T 18978.11—2004	使用视觉显示终端（VDTs）办公的人类工效学要求 第11部分：可用性指南	ISO 9241—11：1998，IDT
GB/T 16260.1—2006	软件工程 产品质量 第1部分：质量模型	ISO/IEC 9126—1：2001，IDT
GB/T 16260.4—2006	软件工程 产品质量 第4部分：使用质量的度量	ISO/IEC TR 9126—4：2004，IDT

（1）GB/T 18978.11—2004（ISO 9241—11：1998，IDT）该标准的主要内容如下：①对可用性进行定义，并给出可用性框架（图1-11）。②概述可用性活动及各阶段活动输入文件（图1-12）。

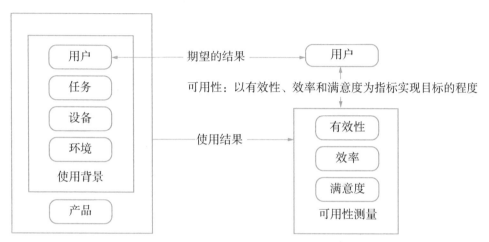

图1-11　可用性框架

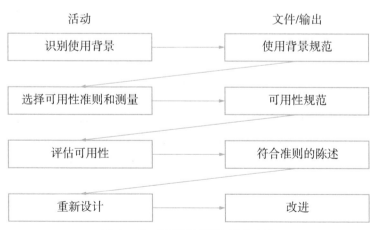

图1-12　可用性活动和相关文件

（2）GB/T 16260.1—2006（ISO/IEC 9126—1：2001，IDT）。该标准描述了软件产品的质量模型，把软件产品质量分为两部分：内部质量和外部质量、使用质量。该标准针对这两种产品质量，分别规定了其特性和子特性，并对特性作简要解释。

GB/T 16260.1—2006 主要内容如下：

1）从总体上说明软件产品质量模型框架，如图 1-13 所示。

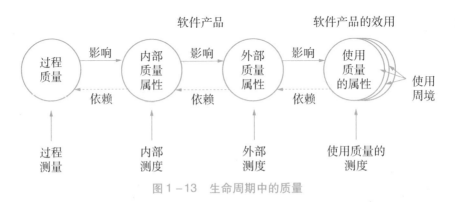

图 1-13　生命周期中的质量

2）描述了外部和内部质量模型（图 1-14），并概括解释其特性和子特性。

根据 GB/T 16260.1—2006 的内容，功能性和效率的某些方面也会影响易用性，但在该标准中没有被分类到易用性中。这里可以理解为可用性在软件产品中的具体体现，因此，与 GB/T 18978.11—2004 中普遍意义上的可用性概念有所不同。

3）描述了使用质量模型（图 1-15），并概括介绍使用质量的 4 个特性。

（3）GB/T 16260.4—2006（ISO/IEC TR 9126—4：2004，IDT）。该标准中，使用质量的特性包括有效性、生产率、安全性和满意度。该标准分别对每个特性给出度量指标。而 GB/T 18978.11—2004 中定义的可用性则体现为有效性、效率和满意度 3 个方面。因此，从软件产品的角度上看，可参考 GB/T 16260.4—2006 中规定的度量指标作为可用性测试的度量参数设定。

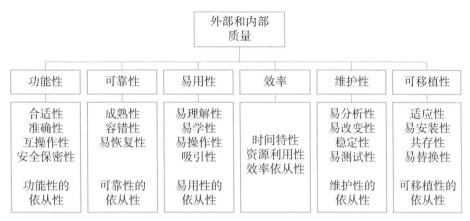

图 1-14　用户特性表的外部和内部的质量模型

图 1-15　使用质量模型

　　GB/T 16260.4—2006 对使用质量 4 个特性的度量指标概括如图 1-16 所示。有效性度量用以评估在特定的使用周境中，用户执行任务时是否能够准确和完全地达到规定的目标。生产率度量用以评估在特定的使用周境中用户消耗的与所达到的有效性相关的资源。安全性度量用以评估在特定的使用周境中对人、业务、软件、财产或环境产生伤害的风险级别。满意度度量用以评估在特定的使用周境中用户对产品使用的态度。

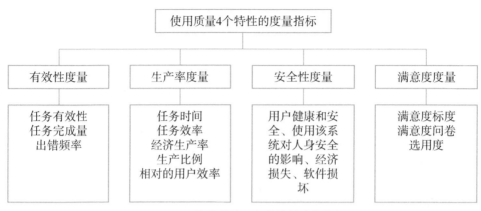

图 1-16 使用质量 4 个特性的度量指标

1.3.5 提出设计方案

本阶段活动围绕设定的可用性目标，在细化的使用背景上，充分考虑当前各技术水平，综合选取合适的技术，为系统提出设计方案。

与提出设计方案活动相关的标准如表 1-5 所示。

表 1-5 提出设计方案活动的相关标准

国家标准号	名 称	国际标准号
GB/T 21051—2007	人－系统交互工效学 支持以人为中心设计的可用性方法	ISO/TR 16982：2002，IDT
GB/T 18978.2—2004	使用视觉显示终端（VDTs）办公的人类工效学要求 第 2 部分：任务要求指南	ISO 9241—2：1992，IDT
GB/T 18978.10—2004	使用视觉显示终端（VDTs）办公的人类工效学要求 第 10 部分：对话原则	ISO 9241—10：1996，IDT

续表 1－5

国家标准号	名　称	国际标准号
（无对应的国家标准）	Ergonomic requirements for office work with visual display terminals (VDTs)： Part 12：Presentation of information， Part 13：User guidance， Part 14：Menu dialogues， Part 15：Command dialogues， Part 16：Direct manipulation dialogues， Part 17：Form filling dialogues	ISO 9241
（无对应的国家标准）	Ergonomics of human-system interaction， Part 20：Accessibility guidelines for information/communication technology (ICT) equipment and services， Part 151：Guidance on World Wide Web user interfaces， Part 410：Design criteria for physical input devices	ISO 9241
（无对应的国家标准）	Ergonomics of human-system interaction：Guidance on accessibility for human-computer interfaces	ISO/TS 16071：2003
（无对应的国家标准）	Medical devices：Application of usability engineering to medical devices	IEC 62366：2007

（1）GB/T 21051—2007。

该标准总结出用于设计和评估的支持 UCD 的各种可用性方法，以是否有用户直接参与为依据对方法进行分类，如表 1－6 所示。然后，从生命周期阶段、用户特征和任务特征等各种影响因素说明如何选取合适方法。

表 1 - 6　GB/T 21051—2007 中的可用性方法分类

有用户直接参与	无用户直接参与
用户观察 绩效考量 关键时间分析 问卷 访谈 出生思维 协同设计和评估 创造性方法	创造性方法 基于文档的方法 基于模型的方法 专家评估 自动评估

（2）ISO 9241。

ISO 9241 第 12 至第 17 部分在使用视觉显示终端（VDTs）办公系统的使用背景上，根据人类工效学相关原理和技术，对该系统的各部分提出设计要求和指导原则。

而 ISO 9241 的第 20、第 151 和第 400 部分则对各种交互系统提出设计要求及原则。

根据要求评估设计方案是以用户为中心设计的重要环节，其作用主要包括 3 方面：获取反馈意见以改进设计方案、评估产品是否实现用户和客户机构的需求目标以及为提高产品的质量提供数据来源。

与本阶段活动相关的标准如表 1 - 7 所示。

表 1 - 7　可用性测试与评估的相关标准

国家标准号	名　　称	国际标准号
GB/T 18978.11—2004	使用视觉显示终端（VDTs）办公的人类工效学要求　第 11 部分：可用性指南	ISO 9241—11：1998，IDT

续表 1－7

国家标准号	名　　称	国际标准号
GB/T 16260.1—2006	软件工程　产品质量　第 1 部分：质量模型	ISO/IEC 9126—1：2001，IDT
GB/T 16260.2—2006	软件工程　产品质量　第 2 部分：外部度量	ISO/IEC TR 9126—2：2003，IDT
GB/T 16260.3—2006	软件工程　产品质量　第 3 部分：内部度量	ISO/IEC TR 9126—3：2003，IDT
GB/T 16260.4—2006	软件工程　产品质量　第 4 部分：使用质量的度量	ISO/IEC TR 9126—4：2004，IDT
GB/T 21051—2007	人－系统交互工效学　支持以人为中心设计的可用性方法	ISO/TR 16982：2002，IDT
GB/T 18905.1—2002	软件工程　产品评价　第 1 部分：概述	ISO/IEC 14598—1：1999，IDT
GB/T 18905.3—2002	软件工程　产品评价　第 3 部分：开发者用的过程	ISO/IEC 14598—3：2000，IDT
GB/T 18905.5—2002	软件工程　产品评价　第 5 部分：评价者用的过程	ISO/IEC 14598—5：1998，IDT
（无对应的国家标准）	Common Industry Format（CIF）for usability test reports	ISO/IEC 25062：2006
（无对应的国家标准）	Ease of operation of everyday products—Part 2：Test method for walk-up-and-use products	ISO/TS 20282—2：2006
（无对应的国家标准）	Information technology：Process assessment，Part 3：Guidance on performing an assessment	ISO/IEC 15504－3：2004

除了上述标准以外，针对视觉显示终端的测试与评估，还可以应用 ISO 9241 各部分确定测试任务和指标要求等。

（3）ISO/IEC 25062：2006。

该标准提供了可用性测试报告的通用格式。在该通用格式中，从可用性测试所收集得到的量化数据能够有条理地被呈现。报告框架组成如表 1-8 所示。

表 1-8　报告框架组成

结　　构	名　　称
标题页	测试产品版本和名称
	测试时间和执行者
	咨询者联系方式等
测试执行概要	测试总结
	产品描述
	方法概述
	结果（以平均数呈现）
介绍	完整的产品描述
	测试对象描述
方法	被测者信息
	测试中产品的使用环境（包括任务和测试设备）
	测试管理工具
实验设计	程序
	给予被测者的测试概要说明
	被测者任务说明
	可用性参数
结果	数据分析
	结果表示（包括行为结果和满意度结果）
附录	—

（4）ISO/TS 20282—2：2006。

该标准针对日常用品设计，描述了一个清晰的可用性测试流程。

1）明确测试产品。

2）确定产品的使用背景（目标用户、任务和环境）。

3）检查目标用户是否具备使用测试产品的能力特性。

4）决定测试一组还是多组用户。

5）明确有哪些必需的测试度量，这些度量是否有要求值，以及是否需要比较两组测试结果。

6）选取能够代表产品目标用户群的测试用户。

7）设计测试流程，其中应说明具代表性的测试用户在测试环境中，如何使用产品实现其使用目标。

8）记录成功率、任务完成时间和满意度（使用问卷）。

9）计算操作有效性（成功率）、操作效率（任务完成时间中数）和操作满意度（问卷得分平均数）。

10）编写全面的测试报告和简要的测试总结。

附录 B（详见本书第 253 页）总结了当今我国国家标准和国际标准的对应关系及基本信息。

当今，有关各技术的规范文件主要分为标准（standards）、原理和准则（principles）及指导建议（guidelines）三种。标准指在产品和实践中被广泛认可和采用的规范性文件，后两者则是由非官方组织制定的关于某技术和知识有用的建议。本书仅对相关标准作总结和介绍，并未涉及对原理和准则及指导建议的讨论。

对目前标准的发展状况进行分析，可以得出有关可用性的标准大多数以通用性为主，缺乏针对特定软件及系统的可用性标准规范。不同的设备具有不同的特性，因此，针对具体应用的可用性设计及测试标准将是以用户为中心及可用性标准制定的趋势。

纵观全文，国内有关可用性的标准发展比较滞后，普遍为等同采用相应的国际标准。但是，无论国际标准还是我国的国家标准，都缺少针对具体设备及系统的可用性标准。因此，我国应将可用性结合到具体应用中，制定相关的标准规范。这样，既能使可用性被更广泛地应用到具体设计中，又能改善我国可用性相关标准发展滞后的现状。

2

可用性测试方法介绍

2.1　交互设计中的可用性测试

随着计算机性能的提高，计算机用户从以专家为主扩大到普通用户，计算机逐渐融入到人们的日常生活中。因此，计算机与用户的交互逐渐受到了重视，并成为一个独立和重要的研究领域。在美国的国防关键技术计划中，人机交互界面作为软件技术发展的重要内容。在日本，FRIEND21 计划（Future Personalized Information Environment Development）的目标是开发 21 世纪的人机界面；日本还提出了真实世界计算机计划（Real World Computer Program），把灵活的人机界面列为其中一项重要课题。

由此可见，人机交互正被广泛应用，并且已经成为计算机行业的竞争领域。

在交互设计项目过程中，除了人物角色和验证场景剧本，还要在真实的使用者面前来验证方案，确定最终的得分。根据以往的经验，用户反馈和可用性测试对于发现交互框架中的主要问题及某些方面的细化（比如按钮标签、操作顺序和优先级等）是很有帮助的。但是，要想进行全方位的评估却又很困难。

在交互设计中，虽然一切可视化设计都是建立在前期调研所得的用户需求上，但难免掺杂着设计人员的主观因素。为了使最终的设计更适合市场趋势与用户期望，我们需要对设计的原型进行测试评估。借助一系列评估指标体系和可用性测试方法，我们可以对可用性测试结果进行度量，包括定量的指标和定性的指标，不同的指标衡量产品或服务的不同方面，如易用性、可用性、愉悦感等。

一般意义上的定量评估是指对事物进行全面深入的定量分析后，在量化的基础上制定出量标，按一定的量标进行评估，或采用数学模型方法进行评估。在设计评估中，定量评估给对象进行的测定是较为合理和科学的。定量能使目标明确化，从而避免评估中的主观随意性。在具体的评估过程中，有些定量的测定会受到测试者心理因素的影响，并且在系统后台提取的用户数据并不能完全反映用户操作时的真实动机，这使原来已经清晰的评估模糊，降低了评估的可信度和效果。因此，将评估指标定性和定量结合，二者相辅相成，有助于得出一个较为理想的评估体系。

定性可弥补定量无法描述的指标。在设计评估中，有些指标诸如用户行为、用户动机以及心理因素等很难定量。定性通过人的大脑对难以量化指标进行分析和判断，能够解决量化中不能解决的许多复杂问题。定性评估最重要的对象是专家与用户。专家们的定性意见是实践经验的概括，能反映出一些数字所无法反映的客观事实。一个用户的意见也许只是抱怨，不过若干用户如果都有相同的意见就可能说明某个设计存在着不足。很多设计人员对自己的作品过于自信而忽视了对其进行充分的评估，仅靠最后用户对产品的一两次评估不能全面反映出产品的可用性。所以在可用性测试和评估这一过程中，通常是定量、定性评估结合起来进行，例如定量评估中的用户测试法和定性评估中的访谈法，两者一般综合使用。从乔布斯掀起的用户体验时代至今，可用性在很大程度上决定了产品的生存，可用性测试已经成为项目流程中必不可少的一环。但可用性测试的核心是评估，并非创造。它不能替代交互设计，亦非产生伟大产品的源泉，而是用来评估设计思想的有效性及完整性的一种方法。

本书涉及的方法大致分为用户查询法、用户测试法和专家评审法。用户查询法包括问卷调查、用户/专家访谈法、焦点小组等，是社会科学研究和人机交互学中比较常用的技术，适用于快速评估，以了解事实、行为和看法。用户测试法是从用户的角度出发进行评估，在所有的可用性评估法中最有效。用户测试常用的方法包括实验室测试、自然观察法、边说边做法和协同交互法。实验室测试和自然观察法是根据测试的地点不同来区分，边说边做法和协同交互法是心理学研究所用的研究方法，现在被人机交互领域的可用性研究者广泛使用来评估产品或服务设计。专家评审法分为认知走查和启发式评估。认知走查是可用性专家从用户学习使用系统的角度逐步检查使用系统执行的过程，主要用来发现新用户可能遇到的问题，从而找出可用性问题。启发式评估也不需要用户参与，由专家进行"角色扮演"模拟用户使用产品，并通过一组启发式原则来评估系统的可用性，从中找出潜在的问题，成本相对较低，且较为快捷。

每种方法都有各自的优势，在实际运用中，要根据实际项目情况选择一组能够互补和相互衔接的方法，并综合考虑设计所处的阶段灵活执行各种方法，使得以用户为中心的设计理念得到充分的体现。

2.2 问卷法

查询技术是询问用户使用系统时的体验（可通过访谈或问卷的形式），一般是在可用性测试前为获得用户对系统或产品的主观感受而使用的辅助手段。

调查问卷常用于统计数据和用户意见，也可用来调查用户在使用产品或服务之后的满意度和遇到的可用性问题，其优点是在较短时间内搜集到大量的数据，从而获取用户的反馈。在学术论文中常见的可用性问卷包括：用户交互满意度问卷、计算机系统可用性问卷和软件可用性测量问卷。问卷法使用起来远没有想象的简单，需要经过认真的设计，特别是问卷的内容结构一定要紧密结合调查目的，否则收集到的数据最后毫无价值。

问卷法适用于以下方面。

（1）以书面的形式向被访人提出问题，并要求被访人以书面或口头形式回答问题。

（2）应用于测试的早期阶段。

（3）在较大的范围同时使用于众多的被访人。

问卷法的优点与缺点见表 2 - 1。

表 2-1　问卷法的优点与缺点

优　　点	缺　　点
①不必进行面对面的交流。	①模糊的问题将会得到对设计毫无用处的模糊答案。
②可以为主要利益相关者提供信息。	②人们不喜欢很长的问卷调查。
③可以确认提出的解决方案是否被采纳。	③封闭式问题限制了答案。
④可以借助一对一访谈中获得的反馈再进行一次检查。	④开放式问题难以被量化
⑤可以用较少的费用扩大到较大的群体	

问卷调查流程见图 2-1。

1 根据访谈设计问卷	2 试调查	3 调查信度效度	4 小批量抽样调查	5 正式抽样调查	6 调查总结
调查机构框架转化调查因素为问题	选择式调查对象了解修改建议优化问卷	是否真实全面有用是否稳定一致	抽样调查信效度分析修改调查问卷	确定抽样人群描述抽样方法确定抽样量大小实施取样计划手机取样数据	数据分析信效度分析得出结论

图 2-1　问卷调查流程图

在设计问卷时，应该首先根据初步访谈确定目标用户群，然后根据不同的用户类型设计不同的针对性问卷，即列出问卷调查的目的。列出问卷问题大纲，理清每一类型问题的目的，对将来设计的影响等，明确想从问卷调查中获取哪些用户信息，为问卷的正式撰写提供依据。问卷问题类型可以分为开放型问题、导入型问题、过渡型问题、关键型问题以及结束型问题。具体的问卷设计步骤如图 2-2 所示。

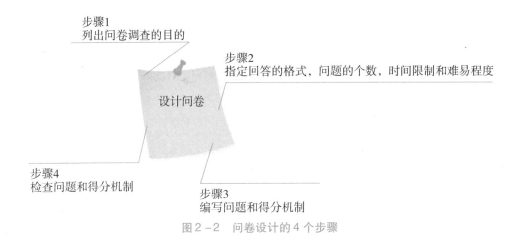

图 2-2　问卷设计的 4 个步骤

[案例]

在聚晖网站项目初期，我们先做了市场调查和用户调研。我们与聚晖公司的市场部负责人进行了深度访谈，从而得出了"房地产商""系统集成商""高收入人群"和"政府官员"4 种类型。针对这 4 种类型的人群进行的分析见表2-2。

表2-2　问卷设计模板

问题类型	用 户 类 型				目的	影射至界面
	房地产商	系统集成商	高收入人群	政府官员		
开放型问题						
导入型问题						
过渡型问题						
关键型问题						
结束型问题						

在聚晖网站优化建设项目中，项目组根据前期研究将用户群聚焦为房地产商、系统集成商、高收入人群、政府官员 4 类，因此在问卷调查中分别有所侧重地对 4 类用户进行问卷调查（图 2-3），列出问题清单表 2-3。

图 2-3　用户正在做调查问卷

表 2-3　问卷设计问题清单

问题类型	用 户 类 型				目的	影射至界面
	房地产商	系统集成商	高收入人群	政府官员		
开放型问题	①请问贵公司希望通过网站达到什么目标？ ②贵公司希望在不同用户心里是怎样的形象？ ③请描述一下您印象中典型的客户的特征。 ④请回想您印象最深刻的一个客户，他们什么特征或者说过什么话语让您印象深刻				了解用户总体特征	整体风格

续表 2 – 3

问题类型	用户类型				目的	影射至界面
	房地产商	系统集成商	高收入人群	政府官员		
导入型问题	①跟您沟通的是他们本人吗，还是他们的秘书？他们的年龄、学科背景、交流方式通常是怎样的？②他们一开始怎么知道你们的服务与产品？合作方式通常是怎样的	①跟您沟通的是他们本人吗，还是他们的秘书？他们的年龄、职业背景、交流方式通常是怎样的？②他们一开始怎么知道你们的服务与产品？合作方式通常是怎样的	①在维修过程中，跟您沟通的是男主人、女主人、保姆还是其他人？他们的特征是怎样的？（了解他的年龄、职业、居住环境和生活习惯。）②客户是怎么知道你们的服务与产品？他们认为通过朋友介绍、网上、普通广告还是其他哪种方式比较可靠	①跟您沟通的是什么级别的政府官员？请描述一下他的总体特征。②他们之前听说过你们的服务与产品吗？通常是通过什么方式得知，展销会、交易会还是其他	了解用户细微特征，进行用户细分	是否需要个性化页面，例如公司介绍的风格和产品展示
过渡型问题	当客户开始接触你们的服务与产品，他们第一印象认为服务与产品是什么产品	当客户一开始接触你们的服务与产品，他们第一印象认为你们的服务与产品是什么产品？能给他们的生活带来什么不同	①当客户第一次听到你们的服务与产品，认为服务与产品是什么产品？②听完你们的介绍，他们对你们的企业有什么评价	了解用户的观点和态度	信息的优先级、信息关联、页面跳转

续表 2 - 3

问题类型	用 户 类 型				目的	影射至界面
	房地产商	系统集成商	高收入人群	政府官员		
关键型问题	①回顾一下，客户最常问的关于你们的服务与产品的问题是哪些，价格、稳定性还是其他？ ②通常维修是哪些原因？是客户处理不当还是产品稳定性欠佳？ ③客户会不会在场？他们提出什么意见或者建议？ ④回顾一下客户有没有提出在哪些地方增加什么设备？ ⑤你们介绍的时候，客户会对怎样的表现方式感兴趣？三维实体模型演示、虚拟的广告片还是纸质的宣传册？ ⑥他们希望看到你们的服务和产品的哪些功能效果？希望看到服务的整个流程或者产品的整体效果还是产品的单一效果			①你们介绍的时候，客户会对怎样的表现方式感兴趣，三维实体模型演示、虚拟的广告片还是纸质的宣传册？ ②他们希望看到服务和产品的哪些功能效果？ ③他们通常关心你们公司哪方面信息	了解用户的需求和目标	信息的优先级、信息关联、页面跳转
	最后是什么因素促使他们购买？给楼盘增加卖点，让楼盘价格提升，还是成交量增加	最后是什么因素促使他们购买	哪些因素最后促使客户决定买你们的服务与产品？是给了他们安全感，享受家庭娱乐，还是房子够大，买了方便			
结束型问题	请问还有没有什么想补充的？ 是否有您想说又没有机会说的内容				—	—

调查问卷设计见表 2 - 4。

表 2 - 4　高收入人群问卷调查

1. 您使用互联网的频率是（　　）。
   A. 每天　　　　　B. 每周 3～4 日　　　　C. 每周 1～2 日　　　　D. 每月少于 4 日
2. 您平均每日使用互联网的时间是（　　）。
   A. 1～2 小时　　B. 3～4 小时　　　　　　C. 5～6 小时　　　　　D. 6 小时以上
3. 您初次与我们网站接触的方式是（　　）。
   A. 互联网　　　　B. 报刊/杂志　　　　　C. 传单/海报　　　　　D. 电视
   E. 朋友介绍　　　F. 商店　　　　　　　　E. 其他_____
4. 您对智能家居的理解程度是（　　）。
   A. 熟知　　　　　B. 有一定了解　　　　　C. 听说过　　　　　　D. 不了解
5. 您希望在网站上面可以获取哪些信息？（　　）
   A. 企业文化　　　B. 产品信息（型号，价格等）　　　　　C. 服务/技术支持
   D. 解决方案　　　E. 相关新闻　　　　　F. 联系方式　　　　　G. 招聘信息
   H. 其他_____
6. 您认为网站起到什么作用？（　　）
   A. 了解产品信息　　　　　　　　　　　　B. 了解智能家居的行业动态
   C. 了解服务/技术支持　　　　　　　　　　D. 了解企业
   E. 其他_____
7. 什么会促使您访问网站？（　　）
   A. 购买相关产品　　　　　　　　　　　　B. 了解行业动态
   C. 了解企业　　　　　　　　　　　　　　D. 寻求解决方案
   E. 联系　　　　　　　　　　　　　　　　F. 其他_____
8. 您一般通过什么途径了解智能家居的信息？（　　）
   A. 通过经常访问的网站的友情链接　　　　B. 通过相关杂志报刊
   C. 通过相关展会和宣传单　　　　　　　　D. 通过业内伙伴、朋友介绍
   E. 通过客户代表介绍　　　　　　　　　　F. 通过搜索引擎（如 google、百度等）
   G. 其他_____
9. 您认为网站内容哪方面的特性是最重要的？（　　）
   A. 内容的丰富程度　　　　　　　　　　　B. 内容的实效性
   C. 内容的吸引性　　　　　　　　　　　　D. 内容的针对性

续表2－4

10. 如果你想购买智能家居产品，你会通过什么途径？（　　） 　　A. 联系厂商（如拨打客服热线等）　　　　　B. 联系当地代理商 　　C. 通过房地产商（或装修工程师）联系　　　D. 通过对这方面熟悉的朋友联系 　　E. 其他＿＿＿＿＿ 11. 如果你想了解产品的信息，你希望从怎样的分类方式入手？（　　） 　　A. 系列分类　　　　　　B. 系统分类　　　　　　C. 功能分类 　　D. 适合户型分类　　　　E. 其他＿＿＿＿＿ 12. 对于智能家居产品，哪些是你关注的方面？（　　） 　　A. 功能　　　　　　　　B. 品牌的可信度　　　　C. 使用的难易程度 　　D. 其他用户的评价　　　E. 售后服务　　　　　　F. 其他＿＿＿＿＿ 13. 初次接触的原因是什么？如果是购买了产品，买了什么？ ＿＿＿＿＿＿＿＿＿＿＿＿＿＿＿＿＿＿＿＿＿＿＿＿＿＿＿＿＿＿ 14. 您知道其他同行业的品牌或网站吗，你对它们有什么看法？ ＿＿＿＿＿＿＿＿＿＿＿＿＿＿＿＿＿＿＿＿＿＿＿＿＿＿＿＿＿＿ 15. 您的年龄是＿＿＿＿＿＿。 16. 您的最高受教育程度是（　　）。 　　A. 高中　　　　　　　　B. 大专　　　　　　　　C. 本科 　　D. 硕士　　　　　　　　E. 博士　　　　　　　　F. 其他＿＿＿＿＿ 17. 您所从事的行业是＿＿＿＿＿＿＿＿。 18. 简单描述您的性格。 ＿＿＿＿＿＿＿＿＿＿＿＿＿＿＿＿＿＿＿＿＿＿＿＿＿＿＿＿＿＿ 19. 简单描述您的生活习惯/爱好。 ＿＿＿＿＿＿＿＿＿＿＿＿＿＿＿＿＿＿＿＿＿＿＿＿＿＿＿＿＿＿

2.3 访谈法

访谈即通过直接一对一的询问，了解用户的习惯、感受，收集用户更深层次的需求。访谈法对访谈者自身的要求比较高。访谈法本身的运用比较灵活，根据访谈对象的不同，可分为用户访谈和专家访谈；根据访谈的途径不同，又可分为电话访谈，或是面对面的深度访谈。下一节介绍的焦点小组其实也是访谈法的一种，即集体访谈。访谈法重点在于把情景任务转换成具体的访谈问题清单，并事先准备好观察要点（图2-4）。

图2-4 访谈法

在访谈中，用户可能由于各种各样的原因，对访谈者说的话并不一定是真实的。所以，在与用户交流过程中，除了收集被访者的口头语言信息，对其身体语言的观察是深入了解用户的非常重要的手段。

另外，事先准备好要访问的问题，即共性问题；数据的统计要真实；结果分析要全面，不但要表述共性，也不能忽略个别特殊情况。

值得注意的是，若是严格按照事先计划好的问题进行访谈，则会失去对很多细节的解答。下面是一个按计划进行的访谈：

采访人员：请问您平时主要用手机的相机做什么呢？

用户：都是做一些小事。比如给我家的小猫拍照，出门的时候偶尔也会用一下。对了，也拍过公交车的时刻表。

采访人员：那您使用照相机的频率高吗？

用户：倒也不是完全不用，但是大概一周会用两三次吧。

采访人员：手机的相册您觉得有什么不太好用的地方吗？

用户：拍出来的效果不怎么样，另外还有……（下略）

读了上述的简短访谈后，会有不少疑问，比如，拍小猫的照片打算做什么呢？"出门的时候"是去哪里？为什么不是拍地铁的时刻表而是公交车的时刻表，等等。

如果想搞清楚这些"为什么"，这种事先计划好的访谈问题是不够的。

采访人员应营造轻松的访谈环境，一对一访谈的同时，可安排一名工作人员负责记录，最好同时用录音笔录下访谈过程（图2-5）。

图2-5　访谈现场

　　下面介绍访谈法中的一种——专家访谈。

　　专家访谈指通过对某领域的专家进行访谈，有代表性地收集经验丰富的专家型用户的意见和想法，在短时间内了解将要进行设计的新领域，作为改进或者创新的参考依据。

　　专家应具有以下特征：

　　第一，一般应有10年以上的专业经验，在某个产品领域的行为方面具有代表性，熟悉各种功能，能够全面熟练地完成各种任务，能够用捷径完成任务。

　　第二，具有计算机和所访谈任务的全局性知识，了解行业情况，了解该产品的发展历史，能够评价和检验该产品。

　　第三，不仅熟悉一种产品，而且了解同类产品，能够进行横向比较，分析特长、缺点等情况。

　　第四，具有某些操作妙招，有创新能力，考虑过如何改进设计。

　　专家访谈的运用是为了使设计师能够尽快了解该行业的全局情况、发展情况、用户需要以及该产品的研发过程、设计过程和制造方面的情况及问题（如何入门，如何做事情，经验性的判断和结论，这个做法是否可行，大概会出现什么问题，有几分把握），因为专家用户有着丰富的经验，掌握着可用性方面的系统经验（全局性、评价性、预测性的问题）。通常以创新为产品最终目的的，多采用面对面访谈的方式，以开放性问题为主；以改进为产品最终目的的，多采用度量问卷的方式，由专家评价和检验。

访谈提纲的设计与实施通常可以分为 2 个阶段。

第 1 阶段：明晰事件/实践的重要细节信息，使得收集的数据能够呈收敛状态。

在初期阶段，访谈问题的针对性相对较低，访谈问题的设置需要与受访者的身份相一致，以高效地完成数据的采集工作。从事件/实践产生的外部环境背景、行为主体、发展脉络、里程碑以及最终结果等视角出发设计访谈问题。

第 2 阶段：对第 1 阶段通过访谈识别出来的关键问题和概念进行深度访谈。

通过第 1 阶段的访谈，在对数据进行初步分析的基础上，结合自己在访谈中的感受和兴趣分析出其中的关键问题、关键概念等，并将这些问题作为进一步的问题。在第 2 阶段的访谈中则需要针对这些识别出来的关键问题和概念做深度访谈，从内涵、特征、关系等视角对识别出的关键问题和概念做进一步的提炼、凝聚和升华。步骤如图 2 - 6 所示。

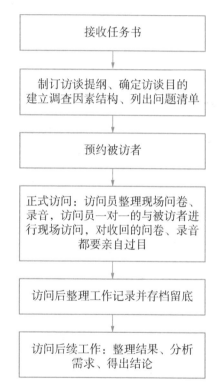

图 2 - 6　访谈提纲制订与实施步骤

[案例]

项目简介：这是一个利用 Z-Space 这一硬件展示平台和 unity 3D 虚拟现实软件技术设计与实现航天设备的装配和卫星型号展示软件项目。

目的：项目前期，为了更加明确用户需求而进行了专家访谈，专家访谈跟用户访谈的区别在于其问题的结构和性质，专家访谈的问题更具有专业性。

邀请专家相对来说比较困难，且访谈时间比较紧凑。因此，在实施专家访谈之前，要充分准备好访谈问题，详细列出具体的问题点（表2-5）。

表2-5 专家访谈问题列表

一级因素	二级因素	问　　题
全局性	行业	军工制造业的发展历史如何（重点：如何从工程图模型转化为实体工业产品）
		在什么阶段需要此类训练软件/工具的辅助
		会使用哪些工具/软件来研究飞船的构造，它们有哪些不足之处
	用户	软件/工具最主要的使用人群有哪些
		他们用这款软件/工具的目的是什么
		他们用这款软件/工具想要完成什么任务，想要了解哪些信息
评价性	功能	您使用过的软件/工具会提供哪些功能
		现有的这些功能能够满足您或主要使用人群的需要吗
		有没有哪些功能您觉得基本用不上，或根本不需要？另外您认为还缺少哪些必要的或者有需要的功能
		功能组合是否符合任务链（根据前面所提的任务设置问题）
	界面	在您使用过的软件/工具中有没有哪一款的界面使您印象深刻？请做大致描述（了解界面上都有哪些元素）
	交互	在您使用过的软件/工具一般的操作是怎样的
		在您使用过的软件/工具导航的菜单结构一般是怎么样的，应该细分到什么程度
		在您使用过的软件/工具中一般使用哪些反馈方式引导用户的使用语音、颜色、弹窗或其他

续表 2 - 5

一级因素	二级因素	问　题
预测性	功能	"虚拟全息 3D"的显示方式对于用户目标会产生哪些辅助作用
		您认为用户对这种解决方案的期待是什么
		除了显示模型的结构及部件,您认为用户还需要哪些功能?比如自定义组装、剖面图等
预测性	界面	用户希望在什么位置显示意图引导?如按键上、按键旁、屏幕上部、屏幕下部等
		某个部件的信息是否需要实时显示
		若对不同结构的部件以颜色区分是否必要
	交互	用户对各种功能希望提供哪些意图引导
		是否有必要显示部件索引目录
		用户在使用过程可能会出现哪些非正常情景

由于该项目专业性很强,系统原型出来之后,又安排了第二次的专家访谈。第二次专家访谈的重点在于评估原型的设计,因此,其问题的设计更侧重于细节,如表 2-6 所示。

表 2-6　第二次专家访谈提纲

针对流程	问　题
全局菜单	典型设备和复杂结构装配在培训中侧重点有哪些不同
	几大功能模块的命名是否合理、准确
全局浏览	对于某些重要的内部操作提供快捷观看教学视频入口这一功能评价如何(有闪烁提示)
个体操作	是否需要强调整体与局部的关系?优先级如何
多个操作	您觉得对两个或多个组件进行测距的功能如何
	编组的存在是否必要?编组后期望进行什么操作
	对于默认模式的其他建议

续表 2-6

针对流程	问　　题
组装	组装过程采用何种引导方式合理？文档描述是否足够
	组装过程是否需要实时温度、湿度等数据？如果需要，还缺少哪些数据
	同一套设备需要在不同的环境变量中进行组装吗？环境变量会带来哪些影响？是否需要自定义环境变量
	对于组装的某个组件需要哪些信息？除了安全提示以外
	在组件组装的时候希望通过系统自动判断吸附还是需要用户选择工具进行焊接或其他类似的操作
	对于组装模式的其他建议
考试	除了装配能力，是否还有其他需要考核的内容
	对于考试模式的其他建议

2.4　焦点小组

　　设置焦点小组讨论是常用的可用性评价之一，即将一组人集合起来围绕某一主题进行讨论，获得一些定性数据，从而了解用户对一个产品或服务的看法和态度。通常用于产品功能的界定、工作流程的模拟（图 2-7、表 2-7），用户需求的发现、产品原型的接受度测试、用户模型的建立等。

图 2-7　焦点小组实施流程

表2-7 焦点小组具体实施步骤

大致流程	具体步骤
准备	明确测试目的，列出清单，包括要讨论的问题及各类数据收集目标
	设置一名专业的主持人
	选择参与者：不少于6个用户，最好多个小组；有研究目标所要求的经验或信息；能够在小组中进行交流；如果没有必要，应该把有"专家"行为倾向的人排除在外，如律师，记者等，因为他们"健谈"，占用发言时间过多，增加主持人的控场难度
现场布置	不同的测试项目会需要不同的现场布置。每次座谈前，把参与者的名字写在桌牌上，预先放置妥当，既有利于现场秩序的调控，亦方便纪录和数据分析处理
实施座谈	焦点小组讨论的持续时间不宜太短，长时间在任务上的深入讨论可以产生广泛的交互作用
	执行过程中可能会需要主持人经常给出一些提示，但要注意的是，提示仅仅是用来激起更多谈话的手段，而不要引起参与者特别的反应
分析资料和数据	保证数据收集过程没有威胁到讨论的气氛
	在不影响访谈真实性的前提下，最好用录音机将访谈过程录下来
	收集的数据不仅仅是讨论的内容，还应包括参与者产生交互作用的整个过程

设置焦点小组讨论的优点有：

（1）获得的信息量大，质量较高，资料收集快，效率高。

（2）可以将整个过程录制下来，便于事后进行分析，进行科学检测。

（3）参与者能畅所欲言，准确表达自己的看法。

（4）是互动式讨论，有利于多方面多角度听取建议。

注意事项有：

（1）焦点小组讨论的目的决定了所需要的信息，从而决定了需要的被访者和主持人。

（2）曾经参加过焦点小组讨论的人不适合参与。

（3）主持人应把握会场气氛。

（4）要求主持人与分析员共同参与数据和资料分析。

与非焦点小组讨论不同的是，焦点小组讨论有主持人进行一定的引导，提出一个焦点问题，然后让参与者进行开放性讨论（图2-8）。

图2-8　焦点小组讨论现场

[案例]

项目简介：这是一个为情侣设计的一款加深情感沟通的智能手环项目（图2-9）。在这个案例里，手环的功能相对比较复杂，除了一般智能手环都有的功能，如时间、情侣双方运动监测、剩余电量和闹钟提醒之外，还有为了增进情侣双方的感情而设计的一些特殊功能，如关怀振动、发送表情、游戏互动、位置推送和互道晚安等。

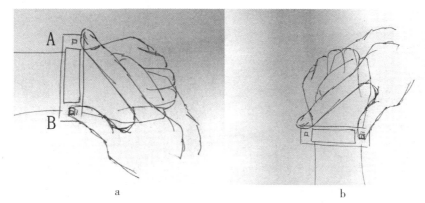

a：操作情侣手环功能键 B 键原型；b：情侣手环的操作示意原型

图 2 - 9　手环原型草图

目的：由于手环承载的功能较复杂，而物理上的功能按键却只有 A、B 键，如何利用这两个按键控制这么多功能的操作而不使用户感到疑惑成为交互设计的重点。于是，我们把 A 键定义为常用功能切换主键，B 键为情侣特殊功能主键。对于这样设计的合理性，我们进行焦点小组讨论，一起探讨这一问题。

邀请对象：潜在情侣用户，交互设计、信息架构以及产品设计从业人员，软件开发人员。

测试目的：手环各个功能点的可用性，整个手环功能操作流程的合理性。主要包括两方面内容，即手环按键的操作和 LED 屏幕显示内容的表达。

我们先是对每个邀请对象进行访谈式测试，测试手环上功能操作的易学性、效率和可记忆性等，然后再组织所有人员一起针对各个功能点的设计进行焦点小组讨论存在的问题和解决方案。

第一步：根据手环功能设计整理出测试任务，如表 2 - 8 所示。

表 2-8　测试任务

任　　务	任　务　描　述	任务开始状态	任务结束状态
看时间	短触 B 键 1 次，查看时间	待机时	显示时间
查看今天的运动量	连续短触 B 键 2 次，查看里程/卡路里	待机时	显示运动数据
查看是否完成了运动任务	连续短触 B 键 2 次，查看侧边蓝色进度条是否满格	待机时	查看任务完成进度条
查看女友的运动量，判断她是否完成运动任务	连续短触 B 键 2 次，查看对方运动数据和侧边粉红色进度条是否满格	待机时	查看任务完成进度条
查看手环的剩余电量	连续短触 B 键 3 次，查看电容量	待机时	显示电量情况
寻找手机	手机远离手环一定距离，手环会振动，提醒蓝牙断开连接，然后同时轻触手环 A 键 + B 键，控制手机发出铃声	待机时	手机发出铃声
闹钟提醒	短触 A 键或 B 键，停止闹钟提醒	振动声响起，LED 屏幕上出现小闹钟图案	闹钟被停止
发送关怀振动	短触 A 键 1 次，调到关怀功能。同时按下 A 键 + B 键，给伴侣发送关怀振动	待机时	显示发送成功——"OK"
发送关怀振动和表情	短触 A 键 1 次，调到关怀功能。短触 B 键，选择心仪的表情。同时按下 A 键 + B 键，给伴侣发送关怀振动	待机时	显示发送成功——"OK"
利用手环进行游戏互动	连续短触 A 键 2 次，调到游戏功能，摇晃手环，按照 LED 屏幕显示的单词组合的语义进行互动娱乐	待机时	显示发送成功——"OK"

续表2－8

任　　务	任 务 描 述	任务开始状态	任务结束状态
位置推送功能	连续短触 A 键 3 次，选择位置推送功能。同时按下 A 键 + B 键，给伴侣发送位置信息。另外，在 APP 上可以设置常用位置信息，例如设置"家"，这样对方收到的是"家"，无需打开 APP 以进一步了解收到的位置信息	待机时	成功给对方发送位置信息
说晚安	长按 B 键，启动睡眠模式，对方收到振动 + 月亮表情（相当于收到"晚安"信息）	待机时	显示 SLEEP

第二步：为每个任务准备 1 份表格用于记录测试过程中被测者表现（表 2－9），然后开始焦点小组讨论。

表 2－9　测试记录表

测 试 项	数　　　据	
能否成功完成任务	无错误完成任务	有错误但能独立完成任务
	在主持人的帮助下完成任务	无法完成任务
时间	开始时间：　　　　　　　　结束时间：	
按键操作错误及描述（包括错误耗费时间）		
其他错误		
主持人帮助描述		
备注		

第三步：总结焦点小组反映的一些问题。

（1）时间以数字显示的方式更加简洁明了，新的其他方式会增加学习成本。

（2）用户只在乎对方完成任务的情况，而不需要知道对方具体的运动数据。另外，若显示对方单一的运动数据，还会与侧边两人任务的进度条在语义上存在一定的矛盾，很有可能导致用户理解混乱。

（3）可以考虑电量将耗尽时，例如只剩 10% 电量的情况下，手环会振动提醒。

原因：用户平时可能不在意电量的使用情况，但希望电量将耗尽时能及时提醒充电。

有待考虑的原因：目前手环振动功能过多。

（4）为了方便用户常用发送功能，发送操作应易于使用，同时按两键可能存在时间控制和误操作等问题。

解决方案：修改为长按 B 键为发送功能，只需单手操作，另外在短触 B 键之后再长按 B 键发送，相较之下也更加方便操作。

（5）互动游戏于异地情侣而言，使用频率会比位置推送功能低。综合考虑之后，把互动游戏菜单放在推送位置之后，即连续短触 A 键 2 次是转到位置推送功能，3 次才是互动游戏。

（6）综合讨论前面各类功能操作之后，同时长按 A 键 + B 键为启动睡眠模式。晚安功能设计没问题，只需注意收到晚安与个人启动睡眠模式在表现上进行一定区别。

焦点小组讨论的结果对我们的设计调整起到了很大的作用。

2.5　用户测试

用户测试可让用户使用产品或服务，由实验人员对实验过程进行观察、记录和测量，了解用户的心理模型（图2－10）。用户测试可分为实验室测试和现场测试。实验室测试在可用性测试实验室里进行；而现场测试是由可用性测试人员到用户的实际使用现场进行观察和测试，将会在"7　某直销企业商务随行软件可用性测试"重点介绍。

用户测试包含3个基本成分：典型用户、真实任务和可控的环境。

通过用户测试，可获得的主要结果有：用户完成任务所耗费的时间、所犯的错误数量等。

用户测试的优点有：

（1）给人信心，通过验证，用户可以成功使用产品或者确定哪些因素妨碍用户顺利使用产品。

（2）帮助设计师从用户的角度看待和理解东西，有助于以用户为中心的设计的实现。

（3）视频和用户测试报告有利于在产品后续设计过程中进行信息传达。

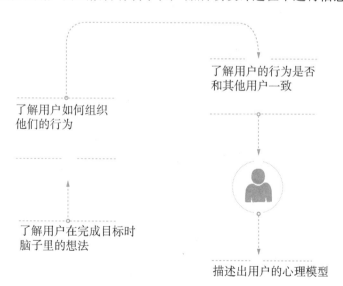

了解用户的行为是否和其他用户一致

了解用户如何组织他们的行为

了解用户在完成目标时脑子里的想法

描述出用户的心理模型

图2－10　用户测试法

下面主要介绍用户测试时常用的两种方法——边说边做法和协同交互法。

2.5.1　边说边做法

边说边做法，是指用户在完成任务的过程中表达自己的想法、感受和意见，可用于可用性测试的整个过程（图2-11）。

边说边做法不宜使用的情况有：①认知负荷重的任务；②长时间的测试；③不宜说的观点；④对小孩做的测试。

边说边做法的优点有：①能更好地理解用户与产品交互时的心理模型（这有助于推进更好的产品设计）；②查找主要的可用性问题；③查找问题的原因；④依靠课题专家查找他们不知道自己知道的事；⑤项目中期设计变化的测试。

图2-11　边说边做法

2.5.2　协同交互法

协同交互法是基于观察用户在服务体验中的一种方法，它要求用户执行给定的任务，由此评估者可以记录用户的想法。该方法是边说边做法的扩展，需要两个用户同时操作同一个系统或产品（图 2 - 12）。

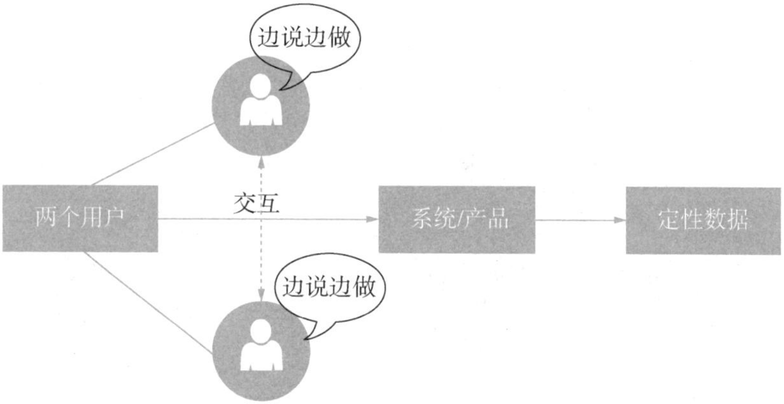

图 2 - 12 协同交互流程

协同交互法（图 2 - 13）的适用时机有：

（1）测试那些支持协同工作的系统或工具。

（2）尼克森认为在涉及儿童的评估性研究里，招募 2 个用户同时进行可用性测试会更有用，因为这将使他们能够在一个更加自然的交际环境里进行操作。

协同交互法的优点有：

（1）测试形式比只用单一的用户进行的边说边做法更加自然，因为人们习惯在共同解决问题时把自己的想法表达出来。

（2）减少参与者对周围设备如录音机等的意识，创造更加非正式的自然氛围。

（3）更高效。执行任务相同的情况下，协同交互法比边说边做法在更短的时间内获得更多的优质回馈。

让两个用户同时使用同一个产品，并把自己的想法大声说出来

图2-13 协同交互法

2.6 认知走查法

专业人员将自己"扮演"成用户，通过一定的任务对界面进行检查评估。通过分析用户的心理加工过程来评价用户界面，最适用于界面设计的初期。该方法首先要定义目标用户、代表性的测试任务、每个任务正确的行动顺序和用户界面，然后走查用户在完成任务的过程中在哪些方面出现问题并提供解释（图2-14）。

认知走查往往通过提出一系列问题达成测试目的。例如：

（1）用户能否建立达到任务的目的？

（2）用户能否获得有效的行动计划？

（3）用户能否采用适当的操作步骤？

（4）用户能否根据系统的反馈信息完成任务？

（5）系统能否从偏差和用户错误中恢复？

认知走查的优点是能够使用任何低保真原型，包括纸原型。缺点是评价人不是真实的用户，不能很好地代表用户的意愿。

操作步骤为：

（1）准备。①定义用户群。②选择样本任务。③确定任务操作的正确序列。④确定每个操作前后的界面状态。

（2）分析。①为每个操作构建"成功的故事"或"失败的故事"，并解释原因。②记录问题、原因和假设。

（3）后续。消除问题，修改界面设计。

可用性专业人员通过完成一个或多个任务，发现一些细节或流程方面的问题

图2－14　认知走查法

2.7　启发式评估法

启发式评估法是可用性专家使用预定的一系列标准，以衡量一个设计的可用性，是一种非常迅速并且低成本的方法。

可用性测试的鼻祖尼尔森总结了 10 条用于启发式评估的可用性原则。

（1）系统状态的可见性。系统状态的可视性原则是指系统必须在一定的时间内做出适当的反馈，必须把现在正在执行的内容通知给用户。这个规则要求把系统的状态反馈给用户，而且，这些反馈必须做到迅速且内容合适。

（2）系统与真实世界相对应。系统和现实的协调原则是指系统不应该使用指向系统的语言，必须使用用户很熟悉的词汇、句子来和用户对话。必须遵循现实中用户的习惯，用自然且符合逻辑的顺序来把系统信息反馈给用户。例如 Mac 和 Windows 中的"垃圾箱"、在线商店中的"购物车"等。

（3）用户可自由控制。用户往往会误执行了系统的某个功能，这时需要一个显著的"紧急退出"操作，使得用户在还没有得到不希望发生的结果前，能阻止系统继续执行用户的误操作。另外，系统应支持"撤销操作"和"重做"。

（4）连续性和标准化。系统的同样一件事物不应该使用不同的语句、状态和操作而使得用户产生疑惑。一般应遵循系统平台的惯例。

（5）预防错误。应该在一开始就防止错误的发生，事后再好的错误信息也不如这种防患于未然的设计。应考虑设置某些条件限制来防止用户产生错误，或者在用户选择提交操作前帮助用户检查确认。

（6）可识别性。通过对对象、操作和选择的可视化，将用户的记忆负担降到最低。在连续操作中不应强制用户记住某些信息。系统的使用说明应该很显著或者在适当的时候容易获取。

（7）灵活性与有效性。快捷方式（对于初级用户来说是不可见的）对专家用户来说往往能提高操作的速度，这样使系统能够兼顾初级用户和专家用户。允许用户通过定制使频繁的操作快捷化。

（8）美学与最少化设计。操作中不应该包含不相关的信息和很少用到的需求。每一个额外的信息都会与操作中的相关信息形成竞争，从而弱化了主要信息的可见度。

（9）协助用户认知、判断及修复错误。错误信息应该使用通俗的语言表达（非代码），明确地说明问题，并有建设性地提出解决方案。

（10）帮助文档。即使系统能够在不需要帮助文档的情况下很好地被用户使用，也有必要提供帮助提示和文档。这些信息都应该很容易被搜索到，并整合集成到用户的任务中，且列出具体操作步骤，而不是庞大笼统的文档。

注意事项：

（1）有实验表明，每个评估人员平均可以发现 35% 的可用性问题，而 5 个评估人员可以发现大约 70% 的可用性问题（图 2 – 15）。

（2）具备可用性知识又具备和被测产品相关专业知识的"双重专家"比只具备可用性知识的专家多发现大约 20% 的可用性问题。

（3）评估人员不能单一表述他们不喜欢什么，必须依据可用性原则解释为什么不喜欢。

（4）每个评估人员的评估工作都结束之后，评估人员才可以交流并将独立的报告综合为最后的报告。

（5）在报告中内容应该包括可用性问题的描述、问题的严重程度和改进的建议。

（6）启发式评估是个主观的评估过程，带有太多个人因素，因此，无论如何都应试图从用户的角度出发，以同理心扮演用户。

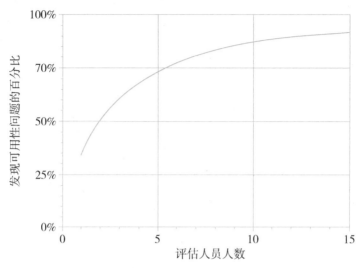

曲线显示启发式评估法使用不同数量的评估人员评估界面时发现可用性问题的比例。该曲线通过研究 6 个案例得出平均值

图 2 –15　确定评估人员的数量

图片来源：Jakob Nielsen：*How to conduct a heuristic evaluation*。

3

可用性测试流程

传统的可用性测试流程包括测试准备、设计测试、预测试、招募用户、进行测试、用户总结性描述和测试后数据分析等步骤。不同的可用性测试方法，在设计测试时任务的设计和测试时观察的重点会不同，但一般一次完整的可用性测试都要遵循如图 3-1 所示流程。

图 3-1 可用性测试流程

第一步，测试准备，指测试前的计划和安排，特别是可用性测试实验室软硬件设备的准备；第二步，设计测试，任务设计的合理性直接影响测试的效果；第三步，预测试，主要是为了验证任务设计的合理性以及测试安排是否得当；第四步，招募用户进行正式测试；第五步，测试；第六步，用户总结性描述环节，除了感谢用户的参与，通常会针对测试过程中的问题对用户进行访谈；第七步，收集所有有效的测试数据进行分析，撰写报告。

3.1　相关术语和定义

用户组：在年龄、文化或专业技术等可能影响可用性的因素上，与其他目标用户不同的目标用户子集。

目标：用户与产品交互的结果。

任务：实现目标所必需的活动。

可用性专业人员：参与可用性工程/测试的实践的人，如懂得如何设计和执行有用户参与的概要测试和分析结果数据的人。

被测者：作为产品目标用户群代表参与可用性测试的人。

用户行为：用户使用产品时的全部体验。

3.2　测试原型

一般来说，可用性测试主要是针对各种原型进行测试。原型的保真程度决定于内容的完整性和交互的完整性。根据原型的保真程度分为低保真原型、中保真原型和高保真原型 3 种。

（1）低保真原型测试可以尽早将用户意见反馈给设计者，剔除视觉影响，及时解决问题，例如纸质原型。

（2）中保真原型兼具高低保真的特点，如果只能进行一次原型测试，就会选择此类，例如交互原型。

（3）高保真原型用户容易理解测试，降低沟通成本，便于开展测试。但如有问题，修改的成本也会较高，例如 UI 设计图。

通常在项目中只会将原型设计分为两个阶段，"低保真原型"和"高保真原型"。不同保真程度的原型对不同类别的公司、产品有不同的意义。

3.2.1 低保真原型制作

低保真原型设计是对产品较简单的模拟，通常会比较简陋，可以通过简单的设计工具迅速制作出初期设计概念和思路。纸质原型是手绘草图或者是打印到纸上的最初原型，虽然很粗糙，但通过纸面的转换能使用户得到系统真实的反馈，允许多次评估和迭代，从而得到改善设计的信息。

低保真原型开始成为流行的设计方法，有以下几个主要原因：

（1）设计思考主张"用双手思考"的方式来建立情感化的解决方案。

（2）精益依赖于早期产品验证和最小可行性产品的开发迭代。

（3）以用户为中心的设计要求协同设计的过程中用户提供他们对于产品原型感受的持续反馈。

常用于制作低保真原型的工具有：

（1）Visio，是产品原型设计的一个常见选择，从网站界面、数据库模型到原型流程图，Visio 都提供相应的元件库和模板来快速创建。

（2）Axure RP，一个专业的快速原型设计工具，能够快速、高效地创建原型，同时支持多人协作设计和版本控制管理。

（3）Balsamiq Mockups，一款最快速、直观的绘制用户界面原型的软件。其中包括 75 个现成的控件，并且可以轻松地以颇具亲和力的手绘风格完成界面框架的设计，但是不易表现交互过程和效果，对中文的支持也比较差。

（4）Microsoft Expression Blend + Sketch Flow，包含一组新功能，专门设计为让用户更轻松快速地创建、传达和审阅交互式应用程序及交互式内容的原型，这组功能称为 Sketch Flow。和 Balsamiq Mockups 相比，不仅可以绘制出具有亲和力的手绘原型，更可以实现交互所需的响应和效果，使得低保真原型被赋予了高保真的内涵。

（5）Sketch 是一款轻量、易用的矢量设计工具，可以为线框图增加设计感。

总而言之，低保真原型使我们能够在过度浪费、过度思考、过少的资源和过多的用户检验中找到一个平衡点。低保真原型的目的不是要打动用户，而是向用户学习，帮助我们倾听而不是说服。它使用户需求与设计师意图以及其他利益相关者的目标之间能够有效沟通并达成一致。通过建立一个实用和初期的产品原型，我们可以更快地在早期设计过程中发现潜在问题和更有效的解决方案。

3.2.2　高保真原型制作

“高保真”并非一个既定的目标，高保真/低保真原型都是一种沟通的媒介。高保真原型主要是从两个方面进行研讨：一是视觉效果，二是可用性，包括用户体验。因此，高保真原型应该是产品逻辑、交互逻辑、视觉效果等极度接近最终产品的形态，至少包括以下几项：原型的概念或想法说明、详细交互动作与流程、各类后台判定、界面排版、界面切换动态、异常流处理，要做到让产品经理（product manager，PM）、RD 工程师（research and development，RD）、客户能够理解的程度。

让产品原型无限接近于完整产品是理想状态，但高保真也意味着大量的资源投入。

高保真原型制作的流程如图 3－2 所示。

控件是指界面中所有的最小元件。比如：按钮、文本框、下拉框、单选按钮、复选框、图片占位符等等。组件是指能够完成一个功能点，能够被重复使用的模块，从而降低开发成本，实现界面的一致性、规范性，突出界面的风格

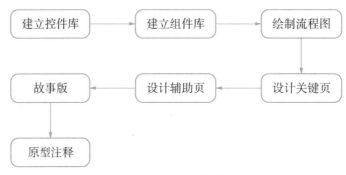

图 3-2　高保真原型制作流程

特征。第三步的流程图表达的是一个用户案例，用于梳理流程和规范流程，有起点和终点，结构要清晰、易于理解，逻辑完整。最后原型要注释清楚界面元素的功能、界面与人的交互方式、控件的状态、操作结果、链接指向和页面切换方式等，做到全面、细致和清晰，充分考虑用户与界面交流的效率和效果。

为什么要制作高保真原型？

（1）高保真原型可以显著降低沟通成本。用户只需看一个交付件，并且这个交付件可以反映最新的、最好的设计方案，包括产品的流程、逻辑、布局、视觉效果、操作状态。

（2）高保真原型会尽可能降低制作成本。高保真原型可以在只投入少数开发力量的同时就进行各种测试，帮助开发者模拟大多数使用场景，尽早发现问题，避免风险，然后持续改进。

但是，制作高保真原型时一些事项需要交互设计设计师注意，原型的颜色使用，最好用灰度线框图，因为颜色会干扰视觉设计，效果会影响大家对易用性的判断。清晰地展示流程是易用性的最基本标准，因此，关键功能最好有故事版说明，使得团队中的其他成员能更好、更快地理解产品，可以文字注释，准确传达全部的设计思想。在原型制作过程中，要保持一致性和规范性，以降低用户对界面的学习和识别成本。制作高保真原型有 3 个禁忌。第一个禁忌是对着高保真原型否定早期的决策，这是对资源的极度浪费；第二个禁忌是各合作方没有把自己分内的构思充分夯实，就交付给下一步的合作者；第三个禁忌是向下一步合作方交付时传达信息不充分。

3.3　测试准备

3.3.1　确定测试实施人员

一个可用性评估组中至少要有两名实施人员（图3-3）。一名照看好测试用户，使他们能够顺利完成任务；另一名观察测试中发生的事情，管理测试场景等，观察时要做好笔记。两人都必须观察和倾听用户，在测试结束后就有两种视角来看待测试结果。

距离用户比较近的观察员负责照看用户，距离用户比较远的观察员则观察记录测试中发生的事情。两人从不同的角度看待这一过程

图3-3　两名实施人员

3.3.2 确定测试观察人员

如果空间和人员充足，还可以设定更多测试观察人员加入可用性测试小组（如项目经理、开发人员等）。小组中的成员都应该观察、聆听并做笔记。

可用性测试是许多设计者、开发者、编辑和经理第一次看到真正的用户使用产品。这些人员需要看到可用性测试这一真实过程。

观察者有负责产品设计的团队、开发人员、负责产品内容编辑的人员及对可用性工程存疑的经理和管理者们（图3-4）。

图3-4 观察人员

3.3.3 确定测试用户类型

确定测试用户类型需明确：①测试用户必须能够代表用户群。②考虑的人口统计学特征有：教育水平、使用经验水平、工作类型、年龄、性别、种族、身体条件等。③确定人数、特征、分组。根据项目前期建立的人物角色选出测试用户（表3-1）。

表 3-1　选出测试用户

人物角色

基本信息

姓名：张慧
年龄：38 岁
性别：女
婚姻状况：已婚
教育程度：高中
所在城市：南京
家庭背景：丁克家庭，无子女，丈夫是公务员。自己在家开
　　　　　网店
性格爱好：热情开朗，精力充沛，爱好跳舞

与某直销企业的关系

- 高中毕业后参加工作，不久与丈夫结婚。她经常宅在家，空闲时间较多，就让丈夫出资帮自己开了一家网店，每天在家打理。网店发展稳定后，经同学介绍，进入某直销企业，工作至今 3 年。
- 常使用 Web 和 APP 帮助采购，每天投入 5 小时在直销事业中。每月努力完成自己的销售额之外，还积极推荐自己的朋友加入某直销企业。家里备有客户经常购买的产品，以备不时之需。她的客户多为熟人，购买的产品种类一般为化妆品。通常一次性购买多种产品，一般会配送到家里和工作室。如果客户急需产品，会直接送到客户家，这种情况下会更改配送地址。经常会帮伙伴下单

计算机与 Web 使用情况

- 家中有一台笔记本电脑，使用频率较高。
- 平时经常上网，网购经验非常丰富，经常在网上购买衣服以及简单的家居用品，也经常通过"易联网"购买直销产品或查询业绩等

智能手机与 APP 使用情况

- 使用 HTC 手机，常用手机打电话、发短信，也喜欢用手机听歌、刷微博。有过手机网购的经历。
- 使用过某直销企业商务随行软件，经常用来查业绩，偶尔会用来咨询安利相关问题，查看公告。使用过一次在线购买功能，但觉得不方便使用，所以还是常去店铺或通过"易联网"购买产品

续表 3 – 1

用户目标
• 因为常常会进行拼单操作，希望可以通过商务随行软件，完成拼单操作。 • 希望购买产品的过程可以简单一点

3.3.4　制订测试计划

了解可用性测试后，下一步是制订测试计划。描述可用性测试的目的，以及如何来完成很重要，原因如下：一是可从管理者或其他人那里得到需要的支持；二是使思路和目标变得清晰。测试计划中要包括：

（1）评估预算。

（2）咨询费、招聘用户、用户报酬、印刷等费用。观察者地点：在典型的可用性测试中，你不想将超过一个以上的观察者与用户安排在一个房间，因此，你需要为其他观察者安排另外的空间。

（3）创建用户角色场景（表 3 – 2）。这有助于解释在特定的环境下 APP 的运行状况。

表 3 – 2　创建用户角色场景

任务	登录 APP	搜索产品	将产品加入购物车	生成订单	完成支付
场景	陈梅在收到订单后，打开 APP，输入密码。点击"在线登录"，进入到网站首页	点击"在线购物"，进入产品列表，在搜索框输入"皇后中式炒锅"，按"搜索"图标进行搜索，在搜索结果中选中"皇后中式炒锅"，进入产品信息页面	点击"马上购买"，进入到购买产品页面，选择下单方式为"家居送货"，想起自己刚搬家，需要修改送货地址，以为订单信息里面可以修改，于是点击"确认购买"	点击"查看购物车"，点击"家居送货"，再点击"生成订单"，最后点击"确认订单"，发现还是无法修改送货地址	点击"收银台"，确认没有修改送货地址选项，随后退出 APP

续表 3 - 2

任务	登录 APP	搜索产品	将产品加入购物车	生成订单	完成支付
Influence	成功登录	搜索成功，顺利进入所需产品详情页面	无法修改送货地址导致后续步骤无法进行	—	—
Pain Point	登录速度过慢，影响效率	搜索框没有提示信息，提示可输入产品名称或产品编号	"确认购买"存在歧义，点击后没有进入订单页面，而是提示"物品已经成功加入购物车"	无法修改送货地址	无法修改送货地址，只好在"易联网"上修改送货地址
功能	—	—	—	增加修改送货地址的功能	—
流程图	首页 → 在线购物 → 产品列表 → 产品详情 → 购物车页面 → 订单页面 → 支付确认 修改配送地址				
修改方案			原型		
更改"修改配送地址"的位置，用户有这个需要，但是修改的情况不多，所以可以适当地隐藏修改地址的功能					

表 3 -1 根据不同角色的不同用户目标创建场景，即用浅显的语言描述设计中角色要完成的典型任务。它描述了角色的基本目标、任务开始存在的问题、角色参与的活动及活动的结果，关注的是设计场景中每一步可用的功能。通过场景，我们可以检查是否对所有有需要的功能都进行了说明，并且当用户需要时可以提供。

3.3.5 测试地点

测试硬软件环境搭建：确保在测试时间前，各种硬软件测试设备能够正确到位。测试硬软件环境包括两部分，一部分是测试设备；另一部分是被测者使用的计算环境，如计算机软件配置（满足产品运行要求）、显示设备、音频设备及输入设备等。

可用性测试包括以下常用设备：

（1）软件设备。包括录制软件、单面透明玻璃和数据自动收集软件。

（2）硬件设备。包括录制硬件设备，如录像和录音设备，跟踪设备。

（3）测试地点。对测试员来说，最好采用一个现场会议室。或者选一个整洁、舒适的房间并在门上挂上"测试进行中——请勿打扰"。最好用一块单向玻璃隔开用户测试实验室和观察者房间（图 3 -5）。

图 3 -5　测试实验室

3.3.6　创建情景与任务

考虑组成一个包括多个部门代表的小组来选择任务，例如客户支持部门可能会对关键任务有不同的看法。

（1）任务应该是有意义的，以一定的逻辑顺序展现给用户，同时还要控制每个任务的完成时间，不能让用户把所有的时间都花费在一个任务上。

（2）在每一页纸上写下一个任务。任务的指令要明确但不能有提示如何完成任务。

（3）在创建测试任务时，应该基于被试软件的信息架构与流程，全部任务应该能够贯穿整个软件架构，以此测试软件架构与流程。

［示例］

此任务为某网络游戏的测试任务（表3-3，图3-6）。

表3-3　任务设计示例

任　　务	操　　作
任务描述	打开××游戏，并注册一个新的账号进入游戏（用户名为 TESTER1，密码为 123456）
任务开始状态	打开××游戏（双击游戏图标开始）
任务结束状态	进入到游戏大厅

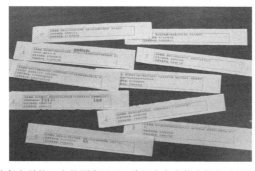

每张纸条为一个任务并按一定的顺序展现，待用户完成某个任务后再给他下一个任务条

图3-6　任务清单

3.3.7　准备记录表格

如果有一个记录表格，记录就会变得容易。可以为每个任务建立记录文档，用准备好的问题清单记录测试结果（表3-4）。

表3-4　记录表格

游戏教程

任务描述：进入游戏，并按照提示完成游戏规则的学习，在这个过程中，游戏提供步骤指引和解释说明，带领玩家体验游戏入门过程。

①玩家输入已注册的账户号及密码，按"submit"进入游戏。

②选择一张牌作为"英雄"，并为"英雄"拟一名字，作为玩家账号的唯一英雄，点击"submit"进入游戏。

③按照提示框的内容熟悉并完成游戏。

任务开始状态：

任务结束状态：

预计时间：

最优路径：提示框提示牺牲某手牌—点击"牺牲/忽略"—提示框提示进入"action"攻击阶段—提示无法出牌结束回合—点击"确定"—对手回合—对手出牌—提示框提示可以查看—点击"确定"回合结束—再次提示牺牲资源—点击"牺牲/忽略"—提示框提示可以出牌—点击"CAST"，出ALLY牌后提示框提示下次才能攻击—点击"确定"。

过程中重点观察点：

①希望在哪些任务过程中能得到指引提示？（如资源牺牲过程提示、卡牌功能提示、攻击动作提示、回合结束提示等。）

②在教程中，何种形式的教程符合玩家的心理？强制型的指引，还是提示性的操作指引，或是死亡式的教程？提示性与死亡式结合的教程方式是否更具可玩性？

③新手开始第一关作为教程是否能满足玩家熟悉游戏的要求？如果否，那么建议设计多少关作为教程才适当？

④在开始第一关时选择一个"英雄"作为该玩家注册账号的"英雄"，这个"英雄"具有永久性，若需更换，则需另注册账号或购买"英雄"卡牌，玩家是否接受这种定制？

任务后询问：

续表 3 - 4

测 试 项	数 据	
能否成功完成任务	①无错误完成任务 ②有错误但能自己完成任务 ③在主持人的帮助下完成任务 ④无法完成任务	
时间	开始时间： 结束时间：	
单面面内的错误及描述（包括错误耗费时间）		
访问错误页面及描述（包括错误耗费时间）		
其他错误		
主持人帮助描述		
备注		

3.4　预测试

    无论你自己重复多少次测试过程，你都不会对一个测试需要多长时间有准确的估计，只有用一个新手用户进行预测试，你才能知道一些小的细节。这个人不需要与测试用户具备相同的特征，但他/她应该是产品的新手用户。

    （1）找找亲近的人、与测试用户背景相似的人或其他部门的人（如人力资源部、会计部等的人员），请他们过来帮忙做预测试。

（2）预测试用户一般 2 个人左右。预测试能够帮助我们对评估的过程进行预演，从而找出我们在评估设计可能存在的问题或没有考虑到的情况，尽量减少在正式的评估中出现不愉快的或影响评估的客观性的或不可预知的问题（图3－7）。

我们找到了同一个部门的同事来帮忙做预测试，从中发现了不少问题，例如对每一个任务的时间控制应该是有差异的

图 3 - 7　预测试

3.5　招募用户

3.5.1　发送邀请

发送邀请邮件告知用户测试的主题、测试地点、测试时间的长短、报酬，以及能及时联系安排测试的工作人员的联系方式等（图 3 - 8），确保如期招募

到满足计划人数并符合目标用户群特征的被测者。

邀请函模板

尊敬的_____先生/女士：

　　您好！我们是DMRC工作室的项目成员。为了做出用户体验更好的产品，我们诚挚邀请您参与到项目中，为我们提供最宝贵的建议。以下是这次用户体验的相关信息。

【项目介绍】_____项目

【体验方法】参与_____且完成问卷、采访等

【体验时间】暂定____年__月__日

【体验地点】参与____，地点：_____
　　　　　　 问卷调查，地点：_____
　　　　　　 采访调研，地点：_____

【体验报酬】____RMB

【联系方式】Tel：×××××××　QQ：××××××××

a

Invitation Template

Dear

We are members of DMRC Studio.In order to make a product with better user experience,we sincerely invite you to participate in our project and give us your valuable advice.The following is information about the testing.

【Project Introduction】_____Project.

【Method】Complete the questionnaire，participate in the interview，etc.

【Time】_____Date_____Month_____Year

【Location】Participation of _____,_____Place
　　　　　　 Questionnaire：_____Place
　　　　　　 Interview research：_____Place

【Reward】_____RMB

【Contact Us】Tel：×××××××　QQ：××××××××

b

a：中文版邀请函；b：英文版邀请函

图3-8　邀请函

3.5.2　确认已邀请用户

确认已邀请用户须注意以下几点：

（1）如果比较早地招募了用户，他们到时就可能改变主意或者遗忘，所以不要在提前一周以上招募用户并确保在前一天给他打电话确认。把完整的测试地点的方位，包括地图用邮件或传真的方式发给他们。

（2）给招募者支付一定的费用。

（3）因为你占用了用户的时间，并且你要确保他们出席，就要支付他们报酬——现金。在测试之前告诉人们测试需要多长时间。

图3-9是某游戏项目的可用性测试已招募用户的名单，测试前一天须确认每个人能够出席。

图3-9　招募用户名单

3.6　测试

3.6.1　介绍

工作人员的行为可能会直接影响到用户测试的情绪，从而对测试结果产生间接影响。工作人员在门口迎接用户，并友好地与用户闲聊，或者带他们到休息室等待测试。另外，即使只是调节测试间的温度使之适宜这样的小事对整个测试也会有帮助。

　　工作人员向用户大致介绍测试相关事项，包括知情书的重要条款和测试步骤等，尽量使用日常用语，告诉用户你的目的是什么，他们要做什么，避免使用专业术语（图3-10）。

图3-10　介绍测试过程

　　引导可用性测试需注意以下几点。

　　（1）强调你测试的是产品，不是用户；他们需要反映的是关于产品的问题，不是他们的问题。

　　（2）告知用户需要用到的测试材料。

　　（3）向被测者解释场内仪器；尽量减少大型仪器等其他干扰测试的环境因素。

　　（4）询问用户是否有关于研究目标、过程或任务的疑问。

　　工作人员须让用户签订知情书（表3-5），知情书包含保密协议和用户在知悉测试数据用途的前提下同意参与测试，类似于这样："首先，感谢你们帮助我们对产品进行评估所做的贡献。我们将要对整个过程进行记录，作为后续结果分析和相关数据的备份之用，而且我们保证数据不会用于商业用途。"

表3-5　知情书样板

由测试人员填写测试用户编号：

可用性测试用户知情书

目的

　　我们正在进行一次可用性研究，目的在于了解更多有改进我们公司产品可用性价值方法。我们的测试对象不是您，而是通过您的经验和使用情况来辅助我们对产品进行测试。

过程

　　首先您需要填写这份表格，然后我们会向您介绍我们的产品。接下来，我们会让您使用产品执行一些特定的任务。在测试过程中不同阶段，我们会让您填写简短的满意度问卷，并进行访谈。当您完成所有任务之后，我们还会让您填写一份整体满意度问卷，并且会有一个访谈来了解您对整个过程的体验。在测试过程中，如果您感觉不便，可以随时退出。

保密性

　　测试过程的所有信息都是严格保密的。其中一些描述和发现会被用于提高产品可用性，不过您的姓名和任何可以标识您身份的信息都不会被提及。测试过程的录音录像将仅被用户可用性研究，绝不会在可用性实验室之外被使用，您的姓名也绝不会与录像中的信息有所关联。

　　为了对您的参与表示感谢，无论您是否完成整个测试过程，我们都会向您提供一份小礼物作为纪念。

　　如果您有任何问题或者关心的事情，请向我们咨询。

　　我已经阅读完毕并且了解了这份知情书中的信息，并且没有其他问题了。

　　签名：＿＿＿＿＿＿＿＿＿＿＿＿

　　日期：＿＿＿＿＿＿＿＿＿＿＿＿

　　感谢您对我们的配合！

3.6.2 执行测试

执行可用性测试时需注意以下几点：

（1）可以把写好的任务交给用户并让其大声读出来。

（2）可以在每个任务中添加类似于"在完成任务时说出来，并回到主菜单"的描述。这个信息是有价值的，因为测试将会验证界面是否缺乏足够的反馈——有时用户并不确定他们已经完成了任务，会继续做下去，或者在还没有完成任务时认为他们已经完成了。

（3）鼓励用户执行任务时大声表达想法。

（4）尽量减少与用户交流，不得已与用户交流时必须保持中立，避免诱导及过多解释。例如，可以轻轻地提示他们"你在想什么"而不要说"你为什么这样做"（图3-11）。

图3-11　执行测试

（5）控制好每一个任务的测试时间，但不要告诉用户有时间限制。测试时间结束时，提示用户结束这个任务，进行下一个任务。

（6）记录遇到的问题及产生的假设。

（7）测试过程中，会发生任务失败的情况。测试人员应该根据测试任务的目的决定是否应该让用户将任务部分地完成。

（8）观察用户行为时，难免会发生很难完整记录用户所有行为的情况。因此，为了保留完整的用户操作记录，应该借助摄像机、屏幕录制软件等相关工具进行辅助。

3.6.3　记录人员任务文档

记录人员任务文档，记录的对象为某网络游戏中的一项任务（表3-6）。

表3-6　记录人员任务文档示例

任　　务	测　试　项	数　　据
打开××游戏，并注册一个新的账号进入游戏（用户名为TESTER1，密码为123456）	是否完成该任务及操作状态描述	有错误但能独立完成任务
	完成该任务的时间	5分钟
	发生错误的个数及描述	错误1：用户填好用户名和密码后，按"登录"键时误按其他键
	在错误上耗费的时间	30秒
	帮助文档使用频率及描述	无
	界面误导用户的次数及操作路径	用户经常不能够第一时间找到"登录"按键

3.7　用户测试总结性的描述

测试后，可以询问用户对产品的印象，他们在哪些地方感到困惑，有哪些可以使产品更容易使用的建议，是否还有更多的关于系统或研究的问题。鼓励用户尽可能回答可以回答的问题，感谢用户的参与，重申他们的参与将对系统改进有很大的帮助。

解说脚本如下：

（1）让用户再浏览一遍测试过程记录下的文稿。

（2）询问用户是否对测试过程有疑问。

（3）对测试中遇到的特殊情况进行讨论。

（4）邀请用户填写问卷（图 3－12、图 3－13）。

（5）回顾测试前签订的保密协议。

（6）向用户强调要对测试进行保密。

（7）给用户一定的补偿。

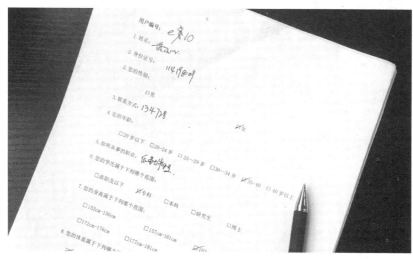

图 3－12　邀请用户填写问卷

询问用户是否有疑问，再浏览一边测试过程记录下的文稿

图 3 –13　与用户核对记录

3.8　测试后

3.8.1　数据整理与分析

计算完成每个任务和完成每个测试的平均时间，每个用户使用帮助或参考手册的次数和提示的次数，使用统计方法分析数据。如果不了解统计学的知识，可以通过参考相关统计学专业书籍或者寻求该领域专家的帮助。

如表 3 –7 所示，统计每个用户完成各个任务的时间。可参考附录 A 中测试报告的表格示例，对数据进行全面的汇总，如每个任务的有效性、完成率、出错次数等。

表 3 - 7 数据统计表

用户	任务一	任务二	任务三	任务四	任务五	……	合计
用户 1	1 分 38 秒	1 分 45 秒	55 秒	45 秒	3 分 34 秒	……	15 分 23 秒
用户 2	2 分 40 秒	2 分 56 秒	1 分 20 秒	1 分 30 秒	3 分 20 秒	……	21 分 56 秒
用户 3	1 分 34 秒	1 分 51 秒	2 分 15 秒	1 分 13 秒	2 分 47 秒	……	20 分 55 秒
用户 4	45 秒	1 分 35 秒	1 分 25 秒	3 分 25 秒	3 分 52 秒	……	15 分 30 秒
用户 5	1 分 4 秒	3 分 22 秒	2 分 33 秒	1 分 19 秒	5 分 38 秒	……	30 分 24 秒
用户 6	48 秒	3 分 57 秒	29 秒	51 秒	1 分 54 秒	……	16 分 14 秒
用户 7	1 分 43 秒	1 分 56 秒	2 分 6 秒	1 分 5 秒	3 分	……	28 分 24 秒

整理并分析测试所得到的各种数据，包括以下两个方面：

（1）整理各记录等数据，汇总测试所发现的问题，并对问题进行描述。

（2）依据参数度量，分析测试所得数据。参数度量的选择取决于测试目标、用户特征、任务设计和产品的使用背景等。根据可用性的定义，参数度量应分为 3 种：①有效性参数，如任务完成率、出错率、帮助情况下的完成率等。②效率参数，如完成任务的时间均数等。③满意度参数，可以通过调查问卷等方式获得。

表 3 - 8 是某款游戏里游戏教程的可用性测试结果分析。通过分析数据发现问题，然后对数据进行描述，并尝试分析原因。

表 3-8　结合数据分析问题

（游戏教程）关注点	问题	比例	原因	备注
不是首次进入游戏都会出现新手教程，而是需要点击"Option"菜单里的"Reset Help Text"按钮才出现	新手玩家找不到新手教程	5/17	游戏没有默认出现新手教程的地方	
教程提供的教学内容是否足够	新手玩家在学习后仍不能理解游戏规则	5/17	英文对玩家的理解造成障碍；讲解不够通俗	
	玩家想多了解卡牌（分类、属性等）、取胜的方式、界面图标含义、手势操作方式	14/17	教学内容不够丰富	
	除如何战斗外，还想了解商店、联网对战如何操作	8/17	玩家不熟悉新模块的内容	
教程形式能否接受	强制型感觉不自由	10/17	玩家使用习惯不同	
	无	—	—	
	引导效果不强，不直观	4/17	形式限制	

　　把问题转换成建议的步骤包括：①识别问题；②将问题进行优先级排序；③寻找理论依据；④进行理论解答；⑤识别成功结果；⑥识别不确定域（图3-14）。

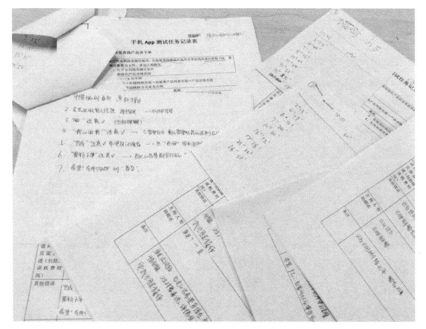

收集并整理所有测试相关的资料

图 3 – 14　记录表格

没有进行统计分析就认定两组测试结果之间存在很大的差异是没有意义的。不仅所谓的显著结果和建议不可靠，而且如果测试结果不符合用户群体的总体特征，整个可用性测试就失去了可信度。

3.8.2　撰写报告

报告应对测试和测试环境有完整的描述，须包括所用到的测试方法、测试细节和数据分析结果。报告中须指出测试用户在测试过程中遇到问题的地方等。

本部分旨在规范报告的格式，以保证报告的全面性及条理性，完整、清晰地展示测试结果。测试结果主要是书面报告，而视频和音频等可作为补充形式（表 3 – 9）。

表 3 - 9　测试报告信息项清单（报告框架）

项　　目	内　　容
标题页	测试产品名称和版本
	测试基本信息
	报告基本信息
	产品供应商相关信息
	客户机构相关信息
测试执行概要	产品相关描述
	测试方法概要
	行为和满意度的整体结果
测试对象介绍	完整产品描述
	测试对象
测试基本信息	被测者信息
	产品使用背景
方法	实验设计信息
	可用性参数
结果	数据分析
	问题描述
	量化结果展示
附录	调查问卷
	测试发布版本记录
	访谈记录

可用性测试报告中常用的一些表格详见附录 A。

4

实验室测试

4.1　概述

实验室测试，顾名思义即在可用性实验室进行的用户测试。进行实验室测试之前，首要任务是事先准备好用户体验与评测实验室或是专门的可用性测试实验室，确保各种硬软件测试设备能够正确到位。测试硬软件环境包括两部分，一部分是测试设备；另一部分是被测者使用的计算环境，如计算机软件配置（满足产品运行要求）、显示设备、音频设备及输入设备等。

因此，搭建一个高水准的可用性测试实验室所需成本较高。如果现实中有专门的实验室当然会提供很多的便利，但对可用性测试来说，也可以临时搭建一个可用性实验室，可以使用下述任何一种设置进行有效的实验室测试：

（1）两室或三室的固定实验室，配备视听设备。

（2）会议室、用户的家或工作室，配备便携式录音设备。

（3）会议室、用户的家或工作室，没有录音设备也可以用人眼观察和笔记来代替。

（4）当用户在不同地点可以远程控制。

4.2　实验室功能结构

可用性测试实验室一般包括音、视频硬件设备和各类用户分析软件。下面从建造一个具有专业水准的用户体验与评测实验室的角度详细介绍正规的可用性测试实验室应有的功能结构。

用户体验与评测实验室区别于传统的可用性测试与评估实验室的分割做法，

将观察室和行为分析室进行整合,利用开放的空间,进行用户行为观察和分析、数据采集和分析,附设小型用户行为数据存储系统。此设计方案注重先进性、优越性、易用性、集成性、可扩展性、灵活性和可靠性(图4-1)。

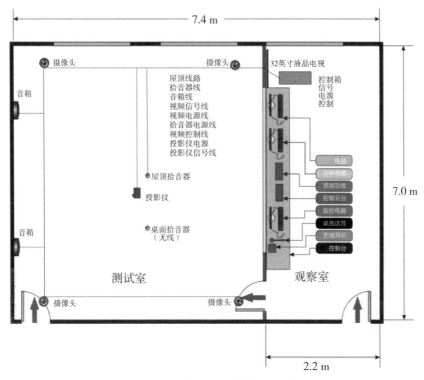

图 4-1 用户体验与评测实验室

原室内场地设计为测试区域和观察区域两部分,中间以 12 cm 墙体隔开(做到隔音),安装单向玻璃,两区域通过 1 个高 2 m、宽 0.9 m 的门连通。

测试室配置可通过网络远程观测的高清摄像头 4 个,布放拾音器 2 个,壁挂式音箱 2 只,用于音、视频采集和主、被试人员交流;配置被测试者电脑,用于被测试软件和环境演示;配置研讨会议桌和椅子,主要用于产品测试小组讨论使用；利用原有家具配置 2 张办公桌椅和沙发；新增投影仪，增加电动幕布。

观察室配置操作台和办公椅，用于测试过程中的控制和数据处理；配置 32 英寸平板电视机 2 台，用于显示被测试区域的视频和被测试行为软件数据；配置音、视频控制设备，视频切换设备；配置装有数据分析软件的工作站和装有视频控制软件的工作站；配置工作位及办公椅、文件柜用于数据后期处理和日常办公；两区域之间使用轻钢龙骨隔断 12 cm，并安装长 4 m、高 1.5 m 的单向玻璃。两区域通过 1 个高 2 m、宽 0.9 m 门连通。

用户体验与评测实验室设计包含以下几部分：音频采集部分、视频采集部分、办公家具、实验室阻隔、行为分析软件和生理信号采集等相关系统（表 4-1）。

表 4-1　用户体验与评测实验室设备清单

模块	序号	名　　称	数量
音频采集部分	1	拾音器	2
	2	无线耳机	2
	3	桌面话筒	2
	4	吸顶式音箱	4
	5	音频功放	1
	6	音频分析工作站	1
	7	桌面计算机	4
视频采集部分	8	专业摄像头（包含云台、支架）	6
	9	四路音视频分配器	1
	10	数据处理软件	1
	11	LED 32 英寸电视机	4
	12	视频分析工作站 1 台、用户行为观测与分析工作站 2 台	3
	13	液晶电视移动推车触摸屏落地挂架（已有电视机支撑）	1

续表 4 – 1

模块	序号	名　　称	数量
办公家具	14	会议桌	5
	15	会议椅 JG8002ZF	5
	16	办公椅 JG505233G	5
	17	定制活动柜	5
实验室隔断	18	单向玻璃	若干
	19	隔断（含门）	若干
	20	墙壁玻璃	若干
行为分析软件及相关系统	21	Mangold 行为分析软件	—
	22	Obseroer XT 行为观察分析系统	—
	23	Morae 用户行为分析记录软件	—
	24	心理测试设备	—

4.3　部分硬软件介绍

4.3.1　硬件

1. 视频采集设备

实验室视频采集部分设备为智能球形摄像机。观察室内设置 5 台智能球形摄像机，可采集测试室内的全景，测试者的表情、肢体动作、对各类设备软件的操作动作，测评软件的显示拷屏。根据现场情况，摄像机与地面的距离为 2.0～2.5 m。如想看清其手指动作，摄像机的镜头焦距应设置在 32 mm 左右；

而在广角情况下，摄像机应能覆盖半个观察室房间的范围。在监控明暗反差大的场景时，其宽动态表现出色，还具备了自动图像稳定、场景变化检测智能化功能，应用灵活。配备 30 倍光学变焦镜头，能够轻松地再现很远处物体微小细节。

2. 音频采集设备

实验室音频采集部分设备为全向隐藏式话筒。全向隐藏式话筒可装置在桌面、墙壁或天花板上，小巧不显眼而可获得高灵敏度的收音效果。采用专业高性能、高信赖度镀金震膜电容元件，固定式充电背板和永久极性电容收音头。

4.3.2 软件

1. 行为观察分析软件系统

系统的观察是研究行为的基本方法。行为观察分析软件系统是用于收集、分析和演示观察数据且操作简便的行为事件记录软件。系统采用音频、视频记录设备，将被研究对象的各种行为活动摄录下来，可用来记录分析被研究对象的位置、表情、情绪、社会交往、人机交互等各种活动；记录被研究对象各种行为发生的时刻、发生的次数和持续的时间，然后进行统计处理，得到分析报告。

下面介绍几款行为分析软件系统。

（1）德国 Mangold INTERACT 14。INTERACT 14（图 4 - 2）是德国 Mangold 公司生产的一套行为分析软件，该软件可以结合视频的记录、生理参数的记录、眼动数据的距离，对人的思维动态及动物的行为过程进行科学的数据化的分析，使研究更目的化、条理化、科学化。该系统广泛应用于研究儿童教育、儿童心理、犯罪心理、昆虫行为、动物行为等方面。INTERACT 图像系统具备专业的设计和齐全的功能；对观察到的数据进行收集、分析、表达和管理；并对其行为过程进行研究。

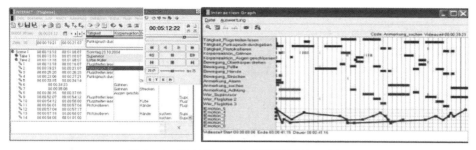

图 4 - 2　德国 Mangold INTERACT 14 界面

INTERACT 14 有以下几个特点：①电脑进行半自动的行为研究。电脑工具的最大好处就是自动记录事件发生的时间。观察的时候，只需要集中注意力在所需要观察的行为，电脑会记录发生的时间。②整合视频功能。摄像机在行为记录中成为一个必不可少的工具。摄像枪可以记录一切细节。视频可以和多种其他数据匹配使用，并且可以利用视频来训练新的观察者。③多模式研究。现在越来越多的研究人员把明显的观察结合其他的生理特征，如心率、脑电图、力量或者眼睛的转动等进行研究。各种数据和视频匹配，可以降低研究的工作量以及提升精确度。④实现自由的参数设定。可以在研究的全过程当中实现自由编码，随意设定研究的参数，以实现各种研究目的。⑤定量的方法。INTER-ACT 14 可以量化研究人员的观察。研究人员可以定义和记录需要观察的行为，然后统计和测量这些行为的特征。INTERACT 14 提供了大量统计表，所有行为可以通过分解时间的方法来进行系统和客观的研究。

（2）MORAE 行为分析记录软件。MORAE（图 4 - 3）是美国 TechSmith 公司发布的全数字化可用性测试解决方案，能够帮助产品开发团队录制用户在测试环节中的完整过程（如产品使用过程、现场问答、测试问卷等），并可通过实时远端监控和后期分析，获得最客观的测试结果，最后可输出影像或图表形式的报告。

图 4 - 3　MORAE 行为分析记录软件界面

图片来源：http://www.techsmith.com/moTae.htwl。

　　MORAE 由 3 个独立的组件构成。①MORAE Recorder：录制可用性测试影像；②MORAE Observer：实时远端监控，支援多用户端；③MORAE Manager：分析、统计，并制作演示报告。

　　MORAE Manager 是在 MORAE Recorder 录像和 MORAE Observer 监控资料的基础上进行后期分析和统计的工具。它由 3 个功能标签构成：Analyze、Graph 和 Present。

　　在 Analyze 中，可以导入 MORAE Observer 录制的视频录像，以及测试工作人员通过 MORAE Observer 添加的监控记录。基于时间轴的操作，可实现非线性的快速浏览，支援智慧搜索，更快地发现问题所在，并可添加标记和注释。

　　在 Graph 中，软件提供了专业的可用性统计工具，根据整理的标记可自动计算各项指标（如出错次数、任务时间等等），资料图表一目了然。

在 Present 中，可以编辑视频，添加描述等，并截取关键的视频片段和图表做成视频报告，或直接导入 PPT。

（3）诺达思 Obeserver XT 行为观察分析软件。荷兰诺达思 NOLDUS（www. noldus. com. cn）公司 Observer XT 行为观察分析系统（图 4 - 4）支持一个研究项目的整个工作流：实验设计、设计编码方案、数据采集、数据分析和演示。

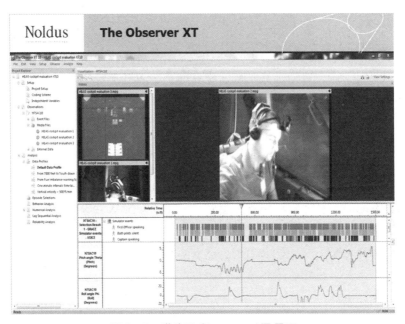

图 4 - 4　诺达思 Obeserver XT 界面

Observer XT 行为观察系统可以与生理仪、眼动仪和脑电等外部设备同步记录行为并读入被观察者的生理信号和注视位置，以便综合分析被观察者的各种行为。屏幕图像抓取组件使研究人员眼前的计算机屏幕上能够显示受试者屏幕上的内容，通过此组件，研究人员可以知道受试者在计算机上进行的操作。

Observer XT 行为观察系统含音视频监控系统，包括视频采集摄像头、控制器和指向式界面话筒。

Observer XT 行为观察系统优点有：①准确、定量地编码和描述行为；②收集丰富和有意义的数据；③自动、准确地记录时间；④结合连续抽样和瞬时抽样；⑤集成行为学研究中的视频和生理数据；⑥计算统计数据和评估可靠性；⑦剪辑用户感兴趣的视频和数据片段；⑧同时分析多组观察对象；⑨过滤出相关的数据；⑩迅速搜索数据；⑪可选择语言进行编码，可以用中文、日文和俄文进行行为编码；⑫使用配备有手持式行为观察记录分析系统的手持设备进行移动编码。

2. 眼 动 仪

眼动仪对于研究可用性测试的视觉注意力、反应等非常有帮助。通过研究眼球的运动，如扫视、瞬间凝视、瞳孔大小变化和眨眼等，可得到兴趣区域、热区图、实现图、蜂群图等。在本书的"6 眼动测试"将会详细讲解眼动测试。

Tobii TX300 组合式眼动仪为眼动性能的控制设立了新的行业标准。它集各种优势于一体，整合眼动仪带显示器的工作模式（简称 T - 模式）屏幕式与眼动仪不带显示器的独立工作模式（简称 X - 模式）独立式的功能特性，集成了屏幕式和独立式两台眼动仪。具有 300 Hz 高采样率、高精度和准确度、坚实可靠的追踪性能等特点，非常适用于需要高采样率的测试环境，比如研究眼球运动如眼跳、注视、瞳孔大小变化和眨眼等；大范围的头动补偿，使之适用于各种眼球运动和人性行为分析。Tobii TX300 组合式眼动仪提供了最灵活的适应各式刺激材料测试的解决方案。采集人类自然行为不需使用任何束缚性装置，如腮托、头盔等。

Tobii TX300 组合式眼动仪将眼动追踪装置和可移动式 23 英寸宽屏 TFT 显示器组合在一起（图 4 - 5）。眼动仪既可与显示器组合使用，也可单独使用。该系统的模块化设计允许刺激材料呈现在监视器上，亦可研究真实景物平面或场景（如外部视频屏幕、投影和实物）。

图 4 - 5　Tobii TX 300 与显示器组合

图片来源：http://www.tobiipro.com/zh/product – listing/tobii – pro – glasses – 2/。

Tobii Pro VR 集成套装：眼动追踪平台与 VR 头戴模块的结合可提供稳定的 120 Hz 眼动数据采样率，兼容绝大多数人群，包括大多数戴眼镜的被试者。眼动数据通过具有专利的 Tobii Eye Chip 芯片来处理，使 CPU 负载降到最低。眼动数据通过标准的 HTC Vive 线缆传输，无需任何外置线缆。眼动数据可实时获取也可用于后期分析，使用 Tobii Pro SDK 或 Unity VR 引擎来创建研究场景。"①

3. 面部表情分析软件

Noldus 面部表情分析系统 Face Reader 包括面部表情分析模块和面部行为动作分析模块。

1）面部表情分析模块。Noldus 面部表情分析系统 Face Reader 是用来自动分析面部表情的一款非常强大的软件工具（图 4 – 6）。面部表情分析系统是能

---

① 　Tobiipro. Tobii Pro VR 集成套装［EB/OL］. http://www.tobiipro.com/zh/product – listing/cn – vr – integration，2017 – 8 – 10.

够全自动分析 7 种基本面部表情的唯一软件工具，这 7 种面部表情包括：高兴、悲伤、害怕、厌恶、惊讶、生气、轻蔑。当然也可以分析无表情。

图 4 - 6　面部表情分析系统

面部表情分析系统 6.0 新的特点主要包括 6 个方面：①提升了面部模型和表情分析的质量；②完整的解决方案：增加了刺激呈现、事件标记、面部动作、自动分类，以及高级分析和生成报告的功能；③全新模块：刺激呈现和事件标记分析模块和面部行为动作分析模块；④实时分析，同时录制被试者的视频；⑤标记感兴趣的事件并分析相应的数据；⑥增强了外部应用程序编程接口（API）功能。

2）面部行为动作分析模块。Face Reader 3.0 增加的面部行为动作分析模块（图 4 - 7）能最好地利用先进的技术来减轻工作量。面部表情分析系统现在能够自动分析 19 个行为动作，例如"面颊提起""鼻子起皱""挤出酒窝""绷紧嘴唇"等。该系统由 Paul Ekman 开发，之后逐渐发展成为标准的系统的情绪表达分类。

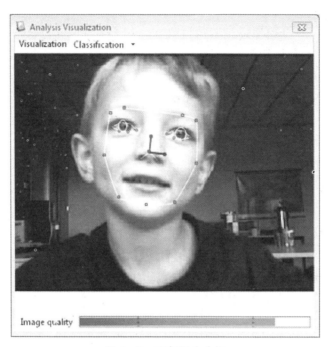

图 4 – 7　面部行为分析

图片来源：http://www.noldus.com/chinese/。

面部表情分析系统现在能够自动分析的 19 个行为动作为：内侧眉毛提起、外侧眉毛提起、眉毛降下、上眼睑提起、面颊提起、眼睑收紧、鼻子起皱、上嘴唇提起、拉动嘴角、挤出酒窝、嘴角下撇、下巴提起、嘴唇延伸、绷紧嘴唇、紧压嘴唇、微张嘴唇、下巴落下、嘴唇张大延伸和眼睛闭合。

3）情感测试软件。

运用人工智能的脸部识别技术基于全球最大的脸部数据库 175 个国家，320 万张脸孔。支援 IOS 及 Android 装置（windows 系统）。

量度多达 7 种情感及 15 种表情数据。可调校每秒处理的图像数目建议为 5 fps。

（4）生理信号记录系统

生理信号记录系统可以检测精神负荷、生理负荷和情绪状态，客观地记录人的各种生理指标随环境的变化而变化，客观、真实、准确地反应人的内心活动和状态，常用于心理生理测量。

心理生理测量是一种通过研究身体提供的信号，借此深入了解心理生理过程的方法，近年来越来越受到游戏研究领域的重视，主要涉及脑电描记、皮肤电反应、心率和面部肌电扫描技术。心理生理测量在游戏用户体验评价中有客观性、连续不断地记录数据、及时性、非侵入性、精密度高等特点。但它同时也存在许多局限性，例如解释生理指标的数据困难，因为大部分心理状态和生理反应之间存在多对一或者一对多的关系；测量生理指标的设备价格昂贵，对设备保修和使用人员的培训投入高；在实验设备配置和实验阶段需要花费较大的时间和精力；等等。

心理生理测量与其他用户体验评价方法的对比见表 4 – 2。

表 4 – 2　心理生理测量与其他用户体验评价方法对比

评价方法		问卷法	启发式评估	心理生理测量	行为指标评价法	视线跟踪技术	面部表情分析系统
一般研究方法	定性	√	√	—	—	√	—
	定量	√	—	√	√	√	—
测量情绪的工具	言语	√	√	—	√	—	—
	非言语	—	√	√	√	√	—
产品的测量方法	经验性	√	—	√	√	—	√
	非经验性	—	√	—	—	—	√

美国 MindWare 公司生产的多导生理记录仪（图 4 – 8），是目前世界上应

用广泛、功能强大的电脑化多导生理记录仪。MindWare 多导生理记录仪具有灵活自由、可升级、功能强大和易于使用等优点。美国 MindWare 公司共有 4 种移动式多导生理记录仪，可以满足不同研究目的的需要，如测量 ECG、EMG、EEG、EOG、GSC、抗阻心电图、测高仪、加速度计以及其他类型的传感器。Ambulatory 移动式多导生理记录仪采用小电池，因此非常容易佩戴在皮带上，通过 PDA 采集数据；可以把采集的数据存储到 SD 卡中，同时也可以通过 Wi－Fi 无线协议传输到台式电脑中，结合 BioLab 软件对数据进行采集和分析。多个移动式多导生理记录仪可以同步使用，最多实现 16 导数据同步记录及分析。

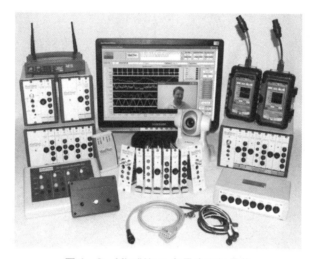

图 4 - 8　MindWare 多导生理记录仪

图片来源：www. chem 17. com/tech_news/detail/1284622. html。

　　MindWare 多导生理记录仪的产品优势包括以下方面：

　　（1）生理信号记录仪是用来记录人的各种生理指标的仪器，它能够客观地记录人的各项指标随环境的变化而变化，客观、真实、准确地反应人的内心活动和状态。

（2）有强大的数据采集软件和数据分析软件，能够得到各种专业的数据指标。

（3）系统可以与 Observer XT 软件同步使用，数据能够导入 Observer XT 软件进行整合数据分析。

（4）系统具有有线和无线两个版本方案，可供用户灵活选用。

（5）有友好的用户界面加完全集成的方案，随时可以开始试验。

（6）同步记录人机交互和多路音频、视频。

（7）有独立于操作系统的高分辨率屏幕捕捉方式。

（8）摄像头可远程控制。

（9）在用户现场安装和培训。

4.4 案例分析：游戏的可用性测试

以一个在线竞速游戏的可用性测试为例，介绍实验室测试，测试中依次进行了用户测试和启发式评估，并对两种方法的测试结果进行对比，从而加深理解这两种方法在可用性测试中的使用时机。这是一个对游戏软件进行的可用性测试，因此，在开始讲解测试部分之前，首先简单回顾一下前人关于游戏可用性测评的相关工作。

最早对游戏的可用性测试是 1997 年在 Microsoft 的游戏开发中心进行的。从此以后很多人对游戏的可用性测试和评估进行了研究。

Medlock 等人提出了一种新的游戏测试方法（rapid iterative testing and evaluation method，RITE），并介绍了该方法在《帝国时代 2》等游戏中的应用。

Laitinen 所在的小组对游戏进行了可用性测试和专家评估，并通过向游戏开发人员反馈测试意见了解测试结果的有效性。

Federoff 提出了从游戏界面、游戏系统、游戏过程 3 个方面对游戏进行启发式评估的 40 条准则。

Desurvire 等人在 Federoff 的基础上对启发式评估做了进一步的研究。他们提出了从游戏过程、系统、游戏故事、可用性 4 个方面的启发式评估准则。通过比较专家评估和可用性测试的结果，得到专家评估可以为游戏开发提供极其有用的数据，尤其是在开发的早期阶段。

游戏作为一种娱乐型的软件，它必然也有一般软件的可用性问题。可用性是游戏性的基础，只有保证了游戏的可用性，才能谈游戏的游戏性。试想一下如果游戏在游戏过程中不断地因程序出错而关闭，再好的游戏性也无从表现。那么什么是游戏性？

在《关于游戏设计理论研究和设计师角色认知的话题》一文中把游戏性定义为在以娱乐为目的的虚拟情景中，使特定支配者能够通过与游戏世界的交互而达成引人入胜的游戏设计特性的总括，是游戏的一个最重要特性。游戏性可分为沉浸式和耐玩性。沉浸性指游戏过程中吸引玩家的因素。第一是游戏对玩家的感官刺激的因素，包括直接的刺激，如游戏的图像、音乐、故事情节等；第二是操作的乐趣，进行某个操作后游戏的反应速度、操作的节奏感、操作后的联动效果；第三是游戏难度的合理程度，合适的难度是吸引玩家的重要因素。耐玩性指吸引玩家重复多次进行游戏的因素。第一是玩家可以研究游戏里的战术策略；第二是很多玩家玩游戏时会追求收集齐所有道具、武器等；第三是玩家对极限打发的挑战；第四是玩家和玩家之间的竞争。不同类型的游戏在游戏性上有不同的侧重点。例如角色扮演游戏重点在于故事情节、画面、音乐等内容，而不注重游戏的操作技巧；而耐玩性游戏中的动作游戏则强调操作技巧，不注重甚至没有游戏情节，讲究耐玩。

应用软件是为了完成某种任务，越简单易用越好；游戏是以娱乐为首要目的，过分简单不一定能提供乐趣，因此，常用的软件测评方法不一定适合于游戏。叶展在 2003 年提出了游戏的多维模型，把游戏性定义划分为可用性层、游戏层、类型层和情感层 4 个层次（图 4 - 9）。

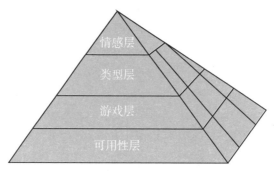

图 4-9　游戏性的多维模型

相关术语解释如下。

可用性层：游戏作为软件形式的产品所具有的可用性要素。

学习性：玩家掌握游戏的难易程度。

可记忆性：玩家记忆游戏中操作、任务等内容的难易程度。

容错性：对于玩家错误操作的处理能力。

游戏层：所有游戏共有的属性。

沉浸性：游戏过程中提高玩家沉浸感的要素，例如美观的画面、紧张的情节等。

耐玩性：吸引玩家反复游戏的要素，例如收集全道具、多结局等。

类型层：各个类型游戏所特有的具体的游戏性要素。对实时策略游戏来说，最重要的两个要素是资源管理和狭义的战争策略。

情感层：一切主观的情感因素，例如满足感、成就感等。

4.4.1　游戏背景

这里我们以在线竞速游戏《菲迪彼德斯传奇》为例进行分析。在线竞速游戏指的是《跑跑卡丁车》《QQ 飞车》一类在国内流行的网络游戏。这类型的游戏以轻度玩家为主，往往是在闲暇的时候获得轻松的游戏乐趣。《菲迪彼德斯传奇》是广州某软件有限公司在 2008 年开发的一款竞速类悠闲网络游戏，现已停运。该游戏以马拉松为题材，提供多人在线竞技的平台。该游戏提供了多人在线游戏、交友聊天、虚拟形象打扮等功能（图 4 – 10）。

图 4 – 10　游戏界面

这类游戏不追求高度的拟真效果，操作技巧相对简化，多人游戏的模式使得乐趣更多，虚拟形象可以通过装备服装等改变。

从游戏性（playability）的概念定义出发，优先考虑能提高游戏乐趣的因素来对游戏进行测试和评估。我们依次进行了用户测试和启发式评估，并对两种测试的结果进行了比较分析。

4.4.2　可用性测试

这里介绍的可用性测试案例是在实验室环境下模拟进行的。

先介绍用户测试过程。通过用户测试法来观察真实的玩家游戏过程，从而了解玩家关注的是游戏的哪些方面的因素，在该方面存在的问题及解决方法（图 4 – 11）。

图 4 – 11　用户测试流程

第一步，选择测试用户。

尽可能地覆盖目标用户群体。对于一个游戏来说，有各种各样的用户，如何划分不同类型的用户呢？一个很简单的方法是按游戏经验的多少来划分新手、普通玩家、高级玩家 3 个层次的玩家，并设计用户招募表格来了解报名用户的游戏经验。本次测试一共招募了 22 个用户，其中新手 5 人，普通玩家 11 人，高级玩家 7 人。

根据这些要素划分玩家类型：游戏年龄，每星期平均游戏时间，喜爱的游戏类型，对游戏相关技术的了解，花费在游戏信息、游戏论坛等游戏相关因素的时间，是否喜欢用非正常的方式完成游戏。

第二步，设计测试任务。

首先，了解游戏目标用户的日常游戏习惯。《菲迪彼德斯传奇》的目标玩家群体主要是学生、白领。通过和这些目标人群的交流了解到他们进行游戏的情形主要有以下 2 种：

（1）单独在家里联网游戏，和朋友的交流主要通过游戏附带的聊天功能或者 QQ 等即时聊天工具。

（2）和朋友在网吧或者在宿舍游戏，和朋友的交流主要靠直接聊天。

其次，对游戏进行分析，得到游戏页面跳转的关系如图 4 – 12 所示。

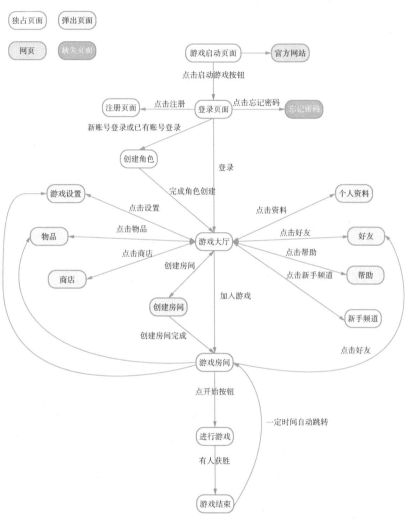

图 4 -12　页面跳转图

任务设计如表4-3所示。

表4-3 单人测试任务表

任务序号	任务详细描述
任务1	任务描述：打开"菲迪彼德斯传奇"，注册一个新的账号进入游戏大厅（账号为fish，密码为123456）。 任务开始状态：打开"菲迪彼德斯传奇"（双击游戏图标开始）。 任务结束状态：进入"游戏大厅"
任务2	任务描述：完成游戏的新手教学任务。 任务开始状态：进入"游戏大厅"，开始寻找新手教学的位置。 任务结束状态：完成新手教学，返回"游戏大厅"
任务3	任务描述：进行一次单人游戏，可以使用新手教学所提到的内容。 任务开始状态：进入"游戏大厅"，开始创建房间。 任务结束状态：游戏排名画面消失后
任务4	任务描述：针对游戏的设置请做些按键的配置和音量调节，让你玩起来更舒适方便（接下来的测试中，如果觉得不合适，你任何时候都可以重新修改配置）。 任务开始状态：进入游戏大厅，开始寻找游戏的设置菜单项。 任务结束状态：修改设置完毕，返回"游戏大厅"
任务5	任务描述：打扮一下你在游戏中的人物（你可以在测试过程中随时修改人物的形象）。 任务开始状态：进入"游戏大厅"，开始寻找商店的菜单项或者物品的菜单项。 任务结束状态：打扮完毕。返回"游戏大厅"
任务6	任务描述：使用果园田野/童话小镇/西安赛道/登月之旅/不解之谜的地图进行一次游戏。 任务开始状态：开始创建游戏房间。 任务结束状态：游戏排名画面结束后

第三步，执行测试。

每个玩家的测试时间持续90～120分钟。测试过程中，玩家在被观察室进行游戏，被观察室中除了玩家以外还有一位主持人。其余的测试观察人员在观察室中观察玩家的游戏情况（表4－4）。

表4－4　可用性测试执行具体流程

步骤	内容
准备阶段	测试工作人员提前30～60分钟到达测试现场。 1. 确保测试环境正常运行。 2. 整理测试环境（测试前一天先进行，测试前再进行一次）。 3. 清点测试所需物资。 4. 再次向工作人员说明测试流程和测试注意事项
测试前介绍	测试用户基本到达后，进行下面工作。 1. 欢迎测试用户。 2. 介绍测试环境的所有工作人员。 3. 介绍产品以及测试的目的、流程，介绍出声思考的方法。 4. 请用户签写用户协议
测试用户进行测试	1. 主持人让测试用户坐到测试电脑前。 2. 向其简单介绍测试环境，请其练习使用出声思考的方法。 3. 询问测试者是否有什么问题在测试前需要解答的，并回答测试用户除了你从测试者了解到的具体信息外的问题。 4. 告诉测试者可以开始测试。 5. 测试正式开始后： （1）主持人把任务卡片逐个交给测试用户，测试用户完成任务，并用 Think Aloud 的方法说出自己的想法。 （2）用户完成任务过程中，主持人和观察人员记录用户的情况。 （3）用户每完成一个任务，主持人询问相关问题。 （4）测试持续到测试用户完成所有任务或者测试时间结束。 6. 主持人再次询问用户关于游戏的整体感觉以及公司准备实现的模块的看法

第四步，记录指标参数。

在每一个测试的过程中，测试观察人员要记录以下的指标参数：①能否成功完成任务；②任务的开始时间；③任务的结束时间；④错误描述及耗费的时间；⑤寻求系统帮助及耗费的时间；⑥寻求主持人帮助及耗费的时间。

第五步，测试后问卷调查。

问卷调查见表 4－5。

表 4－5　问卷调查

姓名：

问题：

1. 你觉得一个马拉松游戏要与真实的马拉松场景相像吗？（　　）

    A. 仿照现实的情景　　　　　　　　　B. 虚幻、奇异的场景

2. 如果可以让你拿游戏的积分在现实去换领饮料作为奖品，你觉得会吸引你去玩吗？（　　）

    A. 完全没兴趣　　　　B. 无所谓　　　　C. 可以接受

3. 如果这个游戏可以提供一个计步器让你戴在身上，记录你在现实生活中运动的数据，并且这些数据可以转换为你在游戏中的积分，你会使用它吗？（　　）

    A. 完全没兴趣（选 A 请跳到第 7 题）

    B. 无所谓　　　　C. 可以接受

4. 你觉得这个计步器应该提供哪些数据？（　　）

    A. 运动建议　　　　B. 距离　　　　C. 运动时间　　　　D. 步数

    E. 热能消耗　　　　F. 脂肪消耗　　　G. 平均心率

5. 你想将计步器的数据转换为游戏中的什么积分？（　　）

    A. 购买角色装备的点数　　　　　　　B. 购买道具的点数

    C. 购买特殊技能的点数　　　　　　　D. 购买魔法表情的点数

    E. 游戏角色的经验值　　　　　　　　F. 不确定，希望能自己分配搭配点数

    G. 其他＿＿＿＿＿＿＿

6. 除了将计步器的数据转换为游戏积分外，你还有没有什么别的建议？

    答：＿＿＿＿＿＿＿

7. 你喜欢游戏的画面偏向什么风格？（　　）

    A. 卡通奇幻风格　　　　　　　　　　B. 仿真写实风格

    C. 其他＿＿＿＿＿＿＿

8. 你玩这类型的游戏时一般喜欢听什么类型的音乐？（　　）

    A. 动感的音乐　　　　B. 柔缓的音乐　　　C. 根据不同游戏场景决定

9. 你想在游戏过程中添加任意选择播放音乐的功能吗？（　　）

    A. 非常期待　　　　　　　　　　　　B. 无所谓，用默认的就可以

    C. 没必要，感觉功能多余

续表 4 – 5

10. 你认为新手教学功能应该以哪种形式出现比较合适？（　　）
　　A. 提供教学录像　　　　　　　B. 玩家第一次登陆自动进入，玩家可以跳过
　　C. 登录后玩家由自己寻找相应页面
11. 游戏中的人物角色形象和物品打扮让你满意吗？（　　）
　　A. 非常满意　　　　　　B. 满意　　　　　C. 无所谓
　　D. 有点不喜欢，你希望如何改进_____
　　E. 严重反感，你希望如何改进_____
12. 对于游戏中的道具模式，你认为以下什么问题表现明显（可多选)？（　　）
　　A. 道具的功能指示不明确　　　　B. 图标模糊，看不清楚
　　C. 没有看到道具使用的效果　　　D. 可选择的道具数量太少
　　E. 场景设置不适宜使用道具　　　F. 道具使用严重影响到游戏节奏感
　　G. 道具使用严重影响游戏公平性
　　H. 其他_____
13. 对于这类型游戏，你喜欢玩无道具的竞速模式还是道具赛？（　　）
　　A. 竞速模式　　　　　　B. 道具赛　　　　　C. 无所谓
14. 你觉得游戏的流畅度如何？（　　）
　　A. 太卡了，严重影响游戏乐趣　　B. 有点卡，但勉强接受
　　C. 没有明显感觉　　　　　　　　D. 完全没影响
15. 你有留意到每个游戏场景的背景故事吗？（　　）
　　A. 留意到了　　　　　　B. 留意到，但觉得场景的表达不充足
　　C. 没留意到
16. 你对这款游戏有什么建议呢？
　　回答：_____

第六步，整理和分析测试结果。

测试中一共发现各类问题 102 个。问题的发现主要通过以下几种途径获得：①观察玩家的游戏过程的操作错误；②观察玩家游戏过程的动作表情；③向玩家了解情况；④分析玩家在任务各个阶段耗费的时间；⑤玩家寻求帮助的次数；⑥测试后问卷反馈的信息。

所得到的问题可以归结为以下的几类：

（1）单页面内元素布局的不合理（25 个）。登录界面玩家鼠标移动轨迹分

析见图 4 – 13。

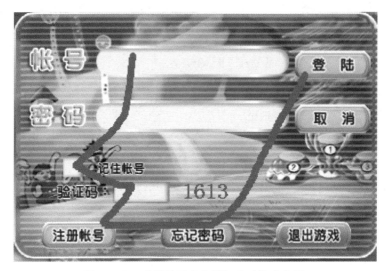

图 4 – 13 登录界面玩家鼠标移动轨迹分析

（2）页面跳转的不合理（15 个）。例如单人测试的任务 2 要求玩家完成游戏的新手教学任务。游戏中原有的进入新手教学的流程如图 4 – 14 所示。

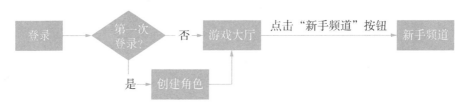

图 4 – 14 原游戏新手教程进入流程

但是有不少的玩家在登录进入游戏大厅后为了找到新手频道而花费了不少时间。通过向玩家了解情况可以知道他们希望在第一次登录的时候直接进入新手教程页面，而不是要玩家自己去寻找（图 4 – 15）。

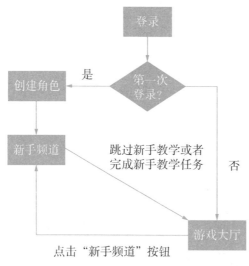

图 4 -15　修改后游戏新手教程进入流程

（3）页面缺少信息（40 个）。分析玩家在某个页面耗费的时间或者观察玩家的表情动作，向玩家了解其想法而得到。可以通过出声思维的方法或者主持人询问了解获得。

（4）游戏性方面的一些问题，特别是操作上的问题（22 个）。例如一个玩家在游戏过程中多次用力敲打键盘。通过向其了解情况，知道他在游戏过程中总是卡在了不应该卡住的地方，无法继续，这导致他很不耐烦。

4.4.3　启发式评估

在启发式评估中，专家可以按照自己在可用性和游戏方面的经验对游戏的各个方面进行检查，找到他们认为存在的问题。我们希望通过启发式评估可以全面地评估游戏的各个方面，并对所发现的重要的问题进行探讨（表 4 -6）。

表4−6　基于游戏性的部分启发式准则

类型	项目	内　　容
沉浸性	画面	游戏画面符合游戏风格，体现游戏主题
	音乐	游戏音乐体现游戏氛围
	故事	游戏应该有一个清晰的总体目标
	氛围	游戏要逐步让玩家有紧张感，但不要有挫败感
	操作	对于玩家的操作，提供及时的反馈
	难度	游戏应该容易上手，难精通
耐玩性	平衡	不应该有绝对有事的角色，隐藏角色除外
	研究	游戏应该基于玩家线索，但不能太多
	收集	可以为游戏设计多种道具以及隐藏道具
	挑战	游戏可以回放，可以记录玩家成绩
	竞争	游戏应该平衡，不应该有某个明显的成功途径

第一步，选择评估专家。

双料专家更适合进行基于游戏性的启发式评估。

不精通游戏的专家往往只是从可用性的角度来考虑问题；精通游戏的专家则会把保证游戏的乐趣放在第一位，在游戏性相关的问题上给予的修改建议无论在数量和质量上都不一样，一个熟悉游戏的专家对同一个问题往往可以提供多种较完善的建议。

在这个游戏的评估中，我们不仅仅关注可用性层面的问题，同时关注游戏性方面的问题，所以进行启发式评估的时候，尽可能地选择了精通游戏的可用性专家。

我们选择了4个类型的测评人员来对游戏进行评估。

（1）无游戏经验的可用性专家。

（2）有丰富游戏经验的可用性专家。

（3）有游戏开发经验的可用性专家。

（4）游戏经验丰富且有开发经验的可用性专家。

最终选择了 10 名专家进行测评，如图 4 - 16。

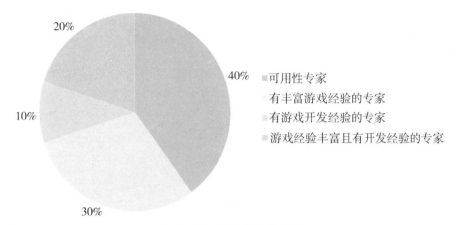

图 4 - 16　四种专家的比例

第二步，执行启发式评估。

一共有 10 位专家进行了评估，评估过程包括评估前会议、专家对游戏进行评估和评估结果讨论。

（1）评估前会议。会议上讨论了启发式评估的准则，让所有专家对启发式评估准则有一致的观点。告诉他们在评估过程中可以记录下任何他们认为影响了游戏可用性或者游戏性的问题。在这个会议上尽可能不要透露游戏相关的信息，尤其是测试内容相关的问题，因为这可能影响到后面的评估结果。

（2）专家对游戏进行评估。每个专家在一个测试工作人员的陪同下对游戏评估 2～4 小时。测试人员可以协助专家更有效率地进行测试，但是不能以主观的意见影响专家。专家在评估过程中告诉测试工作人员所发现的问题，并说出自己的意见。专家至少要对游戏检查 2 遍以上。每个专家可以重点检查游戏的某个方面，例如本次评估中，4 个专家重点检查非游戏过程的内容，6 个专家重点检查游戏过程的内容。

（3）评估结果讨论。在评估结果的讨论会议上，所有专家就评估过程中发现的每一个问题进行讨论并对问题的严重程度发表自己的意见。问题的严重程度分为表 4 - 7 中所列几个等级，然后就大部分专家认为很重要的问题进一步讨论改进的方案。

第三步，整理和分析启发式评估结果。

在启发式评估的过程中一共发现了 72 个问题。记录下问题的详细描述，问题的严重程度和改进建议，如表 4 - 7 所示。

表 4 - 7　启发式评估问题记录格式

问题	拿到游戏币（M 币）时的提示信息文字太小，难看清，而且不能给人兴奋的感觉
问题详细描述	玩家反映"获得 1M 币"的字体太小，难以看清，而且效果过于简单，缺乏兴奋感
严重程度	2 个评估人员选择了等级 4； 5 个评估人员选择了等级 3； 3 个评估人员选择了等级 2
建议	①修改获得 M 币的提示字体、颜色和大小； ②可以用弹出的效果来显示字体； ③可以结合道具提示，在头顶弹出金币，金币中间标识 M 币数目

4.4.4　用户测试和启发式评估对比分析

对两种测试发现的问题进行对比，便于分析用户测试法和启发式评估在游戏评估中检测问题的差异性（表 4 - 8、图 4 - 17、图 4 - 18）。

表 4 – 8　各类型问题数量对比

测试方法		可　用　性		游戏性	
	单页面元素布局不合理	页面跳转不合理	页面缺少信息	沉浸性	耐玩性
用户测试法	25	15	40	20	0
启发式评估　重要	6	6	10	7	4
启发式评估　次要	3	2	3	4	1
启发式评估　无关紧要	6	4	4	6	6

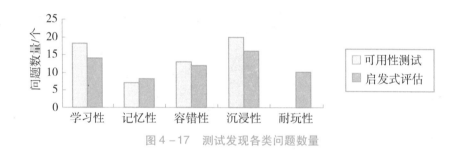

图 4 – 17　测试发现各类问题数量

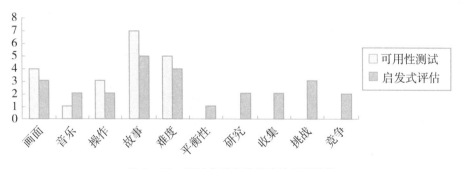

图 4 – 18　测试发现各种游戏性问题数量

分析并得出结论如下：

（1）在启发式评估中，游戏性的问题数量是在用户测试中发现的 2 倍。在启发式评估前的会议上，我们有详细讨论过造成这个差距的主要原因——游戏性的问题。

（2）在用户测试中，尝试在测试后向玩家询问耐玩性相关的问题，例如游戏获胜的策略，绝大部分玩家只会告诉你"很抱歉，没考虑过这方面的问题"。而启发式评估更容易找到关于耐玩性方面的问题。

（3）用户测试中，页面缺少信息的问题比例较高；而启发式评估中，在各个方面的关注较均衡。

（4）用户测试提供了真实玩家游戏的情形，我们可以很轻易地了解到玩家在游戏过程中是什么感受。但是启发式评估中，专家毕竟是自己去评估一个游戏，难免会带有主观意见。

5

用户现场测试

5.1 现场测试概述

现场测试是用户测试的一种，区别于实验室测试。现场测试是由可用性测试人员到用户的实际使用现场进行测试，可以面对面接触用户，能够观察和记录所有的现场记录。虽然实验室测试比较好控制，但现场测试的好处是更贴近用户的实际使用环境，可以获得用户肢体语言等信息。在保证无干扰的环境和通畅的网络下进行的现场测试可以及时解答用户的问题，用户更能专注于测试本身。有些问题只会在用户的使用环节才会出现，在实验室测试阶段很难被发现。最后，现场测试对工具的要求更低，不论是测试原型的制作，还是测试环境的搭建。

然而，现场测试也有局限性，例如对时间和金钱的耗费，并且不容易控制。因此，现场测试只适用于少量、有限制的样本测试。还有一点需要注意的是，现场测试不可能测试全部功能，因此要测试核心功能。

另外，对于目前越来越火爆的智能硬件而言，其用户体验和可用性也越来越受到重视，特别是涉及人因工程方面，用户在关注功能特色之外，更在乎穿戴的舒适度和操作的便捷性等。因此，进行一次现场测试对智能硬件产品设计问题的挖掘可能比实验室测试更直接有效。同样地，随着车联网概念的悄然兴起，车载系统的体验设计也对可用性测试专家提出了挑战，驾驶员与车载对象的交互只是一方面，驾驶场景和任务成为安全性和可用性的重要考虑因素。本章将会分别选取与之相关的案例做进一步的介绍，分析现场测试在可穿戴设备和车载系统设计中的使用。

现场测试，特别是进行移动 APP 可用性测试时，需要有可记录屏幕，用户手势、表情、声音的测试设备或软件。相比 PC 端可用性测试，移动可用性测试对如何有效观察和记录用户行为操作提出了挑战，因为移动设备屏幕较小，主持人、记录员和其他观察者都难以直接观察被试者的移动设备屏幕；另一方面，移动互联网时代，用户通过手势语触摸屏之间的交互不同于通过鼠标和键盘与PC 端之间的交互。因此测试时不仅要记录界面行为，还要记录用户手势，最好还要同步记录用户表情和语音。①

因此，对现场移动可用性测试而言，需要利用工具解决 3 个问题，即：放大移动设备屏幕便于现场观察；记录屏幕和用户手势；记录用户表情和声音。

用户行为观察时可使用摄像机、摄像头等录制设备（图 5 – 1）。

图 5 – 1　固定摄像机/摄像头

雪橇装置解决方案（图 5 – 2）。

---

① 腾讯 ISUX. 移动可用性测试：现场测试［EB/OL］. http：//isux. tencent. com/mobile-usability-testing-three. html，2017 – 8 – 10.

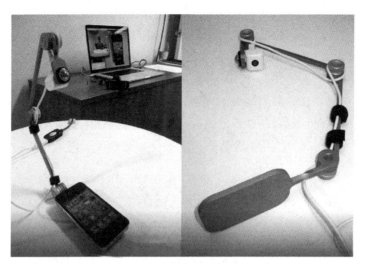

图 5 - 2　雪橇装置

　　录制屏幕和记录用户声音比较容易解决，困难的是如何记录用户在移动设备上进行操作的手势。这点对于移动可用性测试来说非常重要，比如用户在屏幕上尝试的滑动手势，或者用户对着一个按钮点了 10 次但是没有响应。通过记录用户手势信息，这些场景都能够被有效地记录和还原（表 5 - 1）。

表 5 - 1　现场测试常用的观察设备对比分析

观察设备	适用系统	功　能	优　点	缺　点
QuickTime	iOS	录屏	操作非常简便，只需要一根数据线	无法观察和记录用户的手势、表情和声音
豌豆荚、91 手机助手等助手类的 APP	Android	手机屏幕镜像到 PC/Mac	方便，只需要一根数据线	延迟比较厉害，还会发生卡顿的情况

续表 5 - 1

观察设备	适用系统	功　能	优　点	缺　点
Mobizen	Android	屏幕镜像	基本无延迟，且可以显示手势	无法记录用户表情和声音
SCR	Android	支持开启手机前置摄像头，同步记录用户表情	比较全面地记录用户屏幕、手势、表情和声音，最后输出的视频质量也很高	前置摄像头的画面无法隐藏，用户会很明显意识到自己正在被拍摄
Magitest	iOS	支持对 APP 的测试，把屏幕记录和前置摄像头的画面记录拼到一个视频结果中，这样可以同步看到用户表情和界面上的变化	对比 SCR，Magitest 是专门为了测试而设计的 APP，所以它在测试的时候不会显示前置摄像头的画面	Matigest 是通过分开记录两段视频后再拼起来，在测试过程中感觉到手机延迟，在测试结束后需要较长的时间拼合两段视频，视频生成过程很慢，甚至会出现无法完成的情况
AirDroid	Android	Web 版可以实现远程调用手机摄像头		目前版本只支持基于 Wi - Fi 的连接，所以镜像同步速度不如 Mobizen
AirDroid + Mobizen	Android	记录前置摄像头和屏幕镜像	在同一 Wi - Fi 情况下，前置摄像头几乎没有延迟；用户对于正在被记录这件事情也是完全没有感知的	

续表 5 – 1

观察设备	适用系统	功　能	优　点	缺　点
固定摄像机/摄像头记录（如 Document Camera 或 Webcam）	—	同时捕捉移动设备屏幕和用户的操作手势	全面记录被试者的实际操作，还可以直接与桌面设备上的测试、观察软件整合使用	硬件架设有难度，以及会给用户带来的心理压力
雪橇装置，如 MOD1000	iOS/Android	使用户可以连同移动设备一起拿在手中进行测试	被试者可以通过自己的设备进行测试，允许用户调转设备的屏幕方向	雪橇装置有一定重量，用户会感到不习惯、不自然，用户手持一定时间后，容易疲惫，从而将设备放置在桌面上进行测试。其次，画面质量不如实物摄像机

　　从上表来看，APP 类工具的解决方案绝大部分需要对手机做 APP 预装和调试，更适合统一设备的测试，这样的实现成本较低，尤其是 Android 平台。如果要测试用户自己的手机，那摄像头方案更合适。

　　除了这些移动应用现场测试观察设备的组合方案，智能情侣手环的现场测试更多地关注手环在不同任务中的使用情况，其场景是移动的，而且被测的手环是个低保真模型，不具备录屏功能。因此，观察设备只能是我们拍摄常用到的单反相机，真实而清晰地记录场景。在汽车安全辅助系统（human machine interface，HMI）设计这一项目里，对观察设备的要求更高，要适合安装于车内，还可以同时录像驾驶环境和驾驶员的行为，在"5.3　汽车安全驾驶设计研究与倒车场景 HUD 设计项目"介绍案例时将会详细介绍该设备 V-box。

5.2　智能情侣手环现场测试

5.2.1　项目背景

在智能硬件的设计上，大家逐渐形成共识：不能为了智能而智能，一切要以消费者的需求（包括潜在需求）为大前提。可穿戴设备作为最贴近人体的智能硬件，在功能的选取和设置上显得尤为重要。下面这款智能情侣手环便另辟蹊径，把目标用户定位在20～35岁左右正在热恋的年轻情侣或是刚踏入职场的已婚夫妇，其通过事先配对的手环进行"传情"服务，与目前市面上大多数运动和健康手环的功能定位进行区分，寻求差异化。

5.2.2　用户调研与手环功能设计

第一步，功能点访谈。

首先，我们为这款手环设想了很多基础功能和特色功能，然后通过进行一对一的用户访谈，对这些功能的需求进行排序。这次访谈属于半结构式访谈，因此在任务的设计上具有很大的开放性，访谈问题列表如表5−2。

表 5 - 2 访谈问题

1. 如果是一款价格在 1 000 ~ 2 000 之间的情侣智能手环，您对该手环的功能有什么样的要求？

2. 如果手环可实现以下这些功能，您最想要的功能是哪个？请按照您的个人偏好从高到低给下面这些功能排序。
(1) 显示数据：（   ）
    A. 数字时间   B. 行走步数   C. 行走里程
    D. 卡路里   E. 电池使用情况
(2) 振动功能：（   ）
    A. 闹钟振动提醒   B. 来电振动提醒   C. 伏案提醒
    D. 关怀振动   E. 纪念日提醒
(3) 其他功能：（   ）
    A. 遥控拍照   B. 寻找手机   C. 睡眠监测
    D. 血压、心率   E. 饮食跟踪
    F. 女生生理期（安全期、排卵期等）监测   G. 心情设定
    H. 牵手一段时间更新对方数据   I. 数据分享到社交圈子

3. 我们将要做一款有以下三个特色功能的手环，您对这三个功能有什么看法吗？（   ）
(1) 伴侣健康提醒（点击按钮提醒，对方手环即振动；可同时查看自己和伴侣的状态）；
(2) 表情沟通（预设一系列典型表情并配文字，如"对不起""谢谢你""心情超好"等）；
(3) 互动游戏（设置双方角色或宠物）

4. 您对下面这几个补充功能有何看法和建议？（   ）
(1) 主动推送位置信息
(2) 晚安灯
(3) 手环养成（长时间不运动或不见面，手环死了；运动或者情侣一起就能救活）
(4) 控制音乐播放

    前期阶段，我们对 8 位潜在用户进行了长达 1 小时左右的面对面访谈，并从中得到了一些很有用的建议。例如，针对这个价位的手环，用户更加注重功能，希望智能模式具有更高的实用度；手环对功能的操作要求难度大，因此建议游戏互动尽量设计简单，表情沟通等特色功能在传达情侣双方的心情上继续

深化挖掘，考虑如何能更加便捷有趣。

表5-3总结了目前市面上的智能手环（运动手环和健康监测类手环）一般具有的功能点，用户对这些功能的评分如表5-3。

表5-3 用户对功能点的评分表

功 能 点		得 分
显示数据	数字时间	25
	行走里程	21
	卡路里	19
	电池使用情况	13
	行走步数	12
振动功能	闹钟振动提醒	25
	来电振动提醒	19
	纪念日提醒	19
	关怀振动	19
	伏案提醒	8
其他功能	睡眠监测	43
	血压、心率	36
	寻找手机	35
	生理期监测	32
	心情设定	31
	牵手更新数据	29
	遥控拍照	27
	饮食跟踪	26
	数据分享	11

第二步，情侣日常场景调研。

接着，为了进一步了解情侣在日常生活中的沟通交流细节，同时也为了做到同理心和移情设计，我们进行了第二次深入的访谈。该访谈采取非结构式的方式，主要涉及起床、逛街、看电影、吵架、运动、社交软件视频/聊天、电话、短信和睡前等情侣日常沟通场景。用户对功能点的评分见表5-4。

表5-4 用户对功能点的评价

功能	评 价
起床	大部分情侣起床第一件事都会给对方QQ、微信留言或是发表情，这甚至会形成两人的习惯。部分情侣也会比较关心对方的睡眠质量，督促对方好好吃早餐。心理状态上，热恋中的情侣会比较开心起床后能收到对方的关爱；稳定期中的情侣由于已经成为习惯，所以心情相对平淡，但如果某天收不到起床留言，就会担心焦虑
逛街	由于男女双方逛街时在审美、目的等方面差异比较大，情侣逛街更多的是为了消遣，然后一起吃个饭，而不是买衣服。心理上，男方陪女友逛街很容易疲劳、无聊和郁闷，女方则是精力充沛，兴致勃勃
看电影	一般情侣看电影的话，都会事先商量看哪一部，会选择相对都感兴趣的那一部或是最近热门的，当然也有情侣比较随意，去到影院再选择要看的电影。因为事先经过交流再一起去看喜欢的电影，所以两人在心理上都得到了一定的满足而开心
吵架	情侣之间一般是因为两人不能很好地沟通而发生争执，例如异地恋的情侣有时只因不能及时回复微信或者电话，就引起对方的担心甚至产生对方不在意自己的误会。发生矛盾时，一般采取的措施是两人相互冷静一下，然后其中一方主动联系、安慰、道歉，并充分沟通以解决问题。一般需要男方在这方面更加主动、大方，如果能够自嘲、卖萌逗乐女方的话更有利于缓和两人之间的紧张气氛
运动	热爱运动的双方也会因为各自喜爱的运动项目不同而分开运动，运动过程不方便联系，但运动前后会通电话告知对方自己的运动状况，期望得到对方的表扬和给予对方运动的动力。对一起运动的情侣而言，健身是目的，同时也是为了在运动中寻求快乐，追寻朝着同一目标努力的感觉，有利于发展情侣之间的健康生活

续表 5 - 4

功能	评 价
QQ/微信视频、聊天	情侣视频一般只是为了看到对方的脸，寻求两人在一起的感觉，时不时会联系一下对方、互相娱乐之类的，但还是以文字沟通为主。QQ、微信文字聊天内容上主要是关心对方的状况、分享有趣的东西和诉说身边的人和事。日常生活中经常通过 QQ/微信视频、聊天，两人互诉衷肠，可以拉近距离、传递想念，营造甜蜜的氛围
电话	情侣之间一天通常会打几次电话，时间长短不一，内容主要是聊些当天要做的事、在做的事或是身边的事。经常见面的情侣则是约会前或有急事时才打电话，了解对方的行动或寻求帮助。另外，打电话还有实时汇报和帮助对方排解不愉快心情的功能。心理上，通过电话闲聊来关心对方、放松心情和表达想念
短信	相对于其他沟通方式，情侣之间的短信比较少，都不怎么发短信，除非是信号差、没网络的情况下，或是吵架不想讲电话时就发短信
睡前	情侣睡前一般都会通过 QQ、微信或者电话聊会天，督促早睡，然后互道晚安，这也是关心对方的一个日常习惯。把互相要表达的关爱和想念融合进日常行为习惯中，通过起床留言、睡前晚安这样的一些小关爱，即使是异地恋，也不会感觉疏远

通过这次访谈，我们了解到情侣之间倾向于使用 QQ、微信和电话聊天以了解对方的近况。在传达相互关爱的情感时更多地体现在起床留言、关注饮食、提醒早睡、关注睡眠等生活细节上。在心理上，两人之间的相处会开心、想念、甜蜜，也会有无聊、郁闷、生气的时候。

5.2.3 功能定位与使用场景设计

第三步，构建人物角色。

根据 Alan Cooper 的目标导向设计方法，产品设计并非提供更多的功能满足大众，而是为一个人设计其成功率更高，即让 10% 的用户 100% 的满意。于是，在前期访谈调研结果对用户需求进行深入挖掘的基础上，我们构建了人物角色。角色不是真实的人物，但是设计过程中代表着真实人物，它们是真实用户的假想原型。对角色进行细致而精确的描述，人物角色越具体，其工作越有效。角色一、角色二、角色三见图 5－3～图 5－5。

姓名：Max
年龄：24
职业：白领
入职时间：<1 年
收入：8 000元左右

与情侣的感情状态：Max和她的男朋友在一起4年了，基本上感情处于平淡期。但是自从一年前毕业，开始异地恋以来，见面频率从每天1次变成了3个月1次，感情反而有所升温。每天至少通话3次，起床、工作间隙和睡前都会使用微信聊天。目前因为距离太远，不能很好地沟通，偶尔吵架。

情感生活目标：他目前是研究生，将于半年后毕业，也会到上海工作。希望在这半年内感情能不降温。工作、生活稳定后，能在3年内结婚。

是否使用过情侣APP：有。
"小恩爱"其中哪些功能比较实用："情侣闹钟"、"私密聊天"。
希望增加哪些新功能："照片实时分享"。
是否使用过智能穿戴设备：没有。
是否购买过情侣饰品：对戒。

图 5－3　人物角色一

姓名：辛云
年龄：22
职业：在校女大学生
性格：内向文静，文艺小资，热爱手机游戏
恋爱对象：高中同学
恋爱习惯：不必天天黏在一起，但是彼此知道对方每天的情况

与情侣的感情状态：辛云是一个安静的女孩子，不太爱说话，比较害羞，社交聚会大多数情况下都是和自己的男朋友单独外出，或是同男朋友一起参加朋友聚会。两人在一起3年了，感情十分稳定。希望毕业以后能和男朋友结婚。虽然和男朋友家相距不远，但是两人没有天天见面，更多

时候喜欢用QQ联系对方，传达思念，特别喜欢有趣的QQ表情。
她虽然内向，但十分喜欢玩游戏，特别是手机游戏。她与男朋友都热爱电子产品，在一起的时候也喜欢讨论当下流行的电子产品与各类游戏，有时候也会一起玩游戏。
在穿戴打扮上，她喜欢简洁但包含细节的商品。她有时会和男朋友穿情侣衫，两人会一同佩戴对戒。
情感生活目标：和男朋友保持稳定的恋爱关系，彼此不要失去新鲜感。

图 5－4　人物角色二

姓名：Aaron
年龄：22
职业：在校大学生
恋爱状态：恋爱中，与女朋友交往了2年
性格：活泼开朗，比较随性，热爱运动、摄影、旅游

与情侣的感情状态：Aaron大三开始与女朋友交往，期末或写论文期间会和她一起泡图书馆、看书、学习，喜欢这种一起奋斗的感觉。早上起床会给女朋友留言，并约对方一起去饭堂吃早餐。平时经常与女朋友用电话或微信沟通，睡前会跟她用电话闲聊半小时左右。两人偶尔会一起逛街、看电影或者随手拍。但由于他比较随性，一般是逛街时心血来潮提出看电影。以前女朋友抱怨过

他一两次过于随性的决定使约会计划被打乱，但很快两人就会和好。希望在大四毕业前，带上钟爱的单反相机和女朋友去台湾环岛旅游十来天，为大学和爱情画上圆满的句号。

是否使用过情侣APP：跟前女友使用过一个情侣软件，印象比较深的是心愿墙这个功能，前女友在上面写下一堆希望两人一起完成的事，但还没完成就分手了。跟现在的女朋友没有用过情侣软件，一般都是用微信沟通。

图5-5　人物角色三

第四步，用户场景故事描述。

在设计产品的"如何"行为之前，要先定义产品做"什么"。场景剧本是人及活动的故事，它关注人物角色的活动及心理模型和动机，注意力集中在设计的产品中怎样能够更好地帮助人物角色达到目标，专注于从用户角度描述的行动。于是，我们构建了角色场景故事，从情境场景剧本中分析并提取人物角色的需求，包括对象和动作，以及情境。功能需求，是针对系统对象必须进行的操作，最终会转换成界面控件，也可以被看成产品的动作；而技术需求，可能包括重量、大小、形式要素、显示等。

另外，我们只挑选了关怀振动、互动游戏、共同完成运动任务、主动推送位置和表情沟通这5个主要功能进行场景故事描述，进一步探讨手环行为的细节，并且考虑如何表达其特色功能。

（1）关怀振动。

场景描述：关怀振动。

人物：Aaron和他女友。

时间：周六晚上11点半。

内容：Aaron在宿舍的电脑前无聊地上着网，心想女友此时在干什么呢？于是他按下手环的右键，这时手环屏幕出现一个爱心图标，然后他按一下左键，

便给女友传达了一个关怀振动。过了一分钟左右，对方还是没有回应。他想，也许女友正忙着或是去洗澡了，于是继续无聊地上网看各种八卦新闻。

半个小时以后，突然手环传来了关怀振动，他立刻也按下右键回应女友，并发送一个"我想你"的表情给对方，然后拿起手机，通过手环APP与女友进行亲密的沟通。

（2）互动游戏。

场景描述：互动游戏。

人物：Max和她男友。

时间：五一假期。

内容：一年前毕业以来，Max选择了工作，而男友还在校读研究生，两人便开始了异地恋，见面频率从每天一次变成了每3个月1次。开学到现在两个多月了，两人都没见过一面，都是微信聊天或是通过手环APP纸条传情，忙的时候则通过手环进行关怀振动，即使异地也时刻感受到对方的关爱。Max的男友利用五一假期专门来上海找她，两人都很珍惜这次短暂而甜蜜的约会。

两人逛完街，在外面吃了晚饭后，便一起回到Max的公寓里。Max的男友坏笑了一下，然后提议："Max，难得我们现在不异地，来玩一下手环的互动游戏吧。"Max害羞地点了点头。男友接着说："不许耍赖哦！"于是，两人便各自按2次手环的右键，调到互动游戏功能，接着同时摇晃起手环。Max男友的手环显示的"touch"这个英文单词，而Max的手环显示的是"ear"，她男友便失望地摸了摸她的耳朵，然后接着摇晃手环。就这样，男方手环出现的是动作的英文单词，女方手环出现的是身体部位的英文单词，进行互动娱乐。

通过手环互动游戏，Max和他男友度过了愉快的一晚。

（3）共同完成运动任务。

场景描述：运动。

人物：Aaron和他女友。

时间：周五晚上。

内容：Aaron热爱运动，但他女友却不喜欢运动，每次Aaron都好不容易才能说服她跟他一起到内环路跑步，而且跟她跑步时，最后一半路程几乎改为步行。买了手环之后，由于她一个星期内缺乏运动，导致她的手环休眠。为了让她多运动，Aaron 没有选择握手的方式激活手环，而是要求她晚上跟他去跑步。当她的手环再次激活之后，Aaron 跟她约定：她每天至少要消耗 500 卡路里，他则是至少 1000 卡路里。他们在手环 APP 上设置好运动任务，然后通过手环相互监督，共同完成运动任务。

这个周五下午，Aaron 跟同学去打球，手环上他的运动任务显示条很快便满格了。而到了晚上 9 点，女友的任务显示条还只是 20%，Aaron 心里暗暗抱怨她又偷懒不运动了。于是，Aaron 开始跟女友磨嘴皮子，把她约去内环路跑步。虽然开始女友不太情愿，但跑完步出汗后，她感觉很酣畅。看着手环上两人的运动任务显示条终于相遇在一起闪烁，Aaron 会心一笑。就这样坚持了一周，女友对跑步也没以前那般的不情愿了，并且在手环 APP 上获得了一套很好玩的情侣表情。

（4）主动推送位置。

场景描述：位置推送。

人物：辛云。

时间：周日。

内容：辛云跟男友约好今天去周边一个老城区逛一下，并约定早上 10 点在饭堂门口见。9 点 55 分的时候，辛云就已经到达了约定地点，因为饭堂门口是他们经常约见的一个地点，于是她便在手环 APP 里把这个位置信息编辑为饭堂门口。这时，她点按手环右键调到位置推送功能，然后点击一下左键把她的位置信息发给了男友。对方的手机界面上在已经开启手环 APP 的情况下，弹出一个定位图标＋饭堂门口这个简短信息，便知道辛云已经达到那里了。

其实，男友比她还早 5 分钟就到饭堂门口了，但他没有提前跟她说，而是此时正偷偷地站在她旁边，然后也给辛云推送位置信息。辛云看到 APP 上显示也是饭堂门口，转过头突然发现对方就在旁边，一下子也傻了眼，嘴巴上怪对方还真是个小孩，心里却是喜滋滋的。

另外，由于辛云比较内向、害羞，她一个人外出时，男友都会要求她时不时把位置信息推送给他，好让他安心。

（5）表情沟通。

场景描述：发送表情信息。

人物：辛云。

时间：周六。

内容：早上醒来，辛云拿起手环点击左键，看时间是早上 7 点 04 分，心想男朋友应该还没有起床，于是习惯性地打开微博和微信，刷刷朋友圈和最新消息。等辛云刷完所有内容，时间已经是 7 点 45 分，辛云点击手环右键调至表情发送功能，然后选择了一个"爱心"表情，再次点击左键发送给男朋友。看着手环 LED 屏幕上爱心表情如长翅膀般飞走，辛云甜蜜一笑，随后起床洗漱。

辛云刚刷完牙，手环振动了两下，提醒她有新消息。她抬起手臂，点击左键，原来是男友发来的"太阳"表情。辛云走到窗边拉开窗帘发现天气晴朗，这时，手环再次振动，男友发来一个"吃饭"的表情，辛云微微一笑，点击左键选择了一个"ok"手势符号并发送。

辛云梳妆打扮后，手环再次振动，男友发来"车子"符号，并加上一个"微笑"表情，辛云知道男朋友已经在家楼下等她一起去吃早饭。辛云照了镜子，对着镜子里的自己微微一笑，高兴地出门了。

5.2.4　功能模块

最后，确定的手环功能模块主要有基础功能、硬件功能、健康监测、了解伴侣状况、维护情感和娱乐互动这几大块，具体的功能点如图 5-6 所示。

5.2.5　现场测试

对于可穿戴设备这类硬件的现场测试，可以通过在用户的日常生活场景中模拟体验智能情侣手环的使用，观察和记录手环模拟原型的测试情况。此次现场测试的重点在于验证主要功能点的需求、用户与手环的交互细节，以及手环

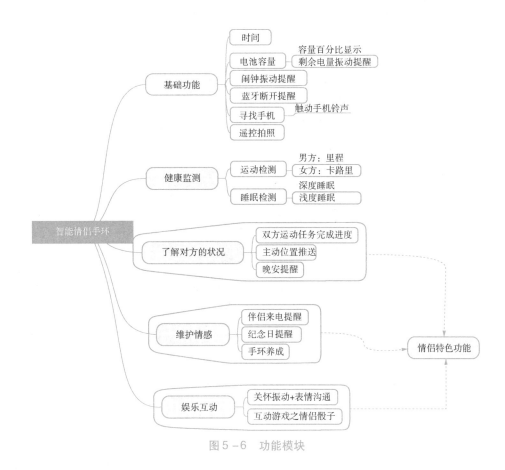

图5-6　功能模块

在硬件上的物理特征，如大小、形状等。

此次测试一共有16个场景，几乎涉及基础功能、硬件功能、健康监测、了解伴侣状况、维护情感和娱乐互动等6个模块的全部功能点。下面主要选取基础功能、硬件功能和娱乐互动功能的测试场景进行介绍。

场景一：基础功能

基础功能包括3个功能点，即设置闹钟提醒、查看时间和剩余电量。

场景任务1：假设用户睡前通过手环APP设置好闹钟后，佩戴着手环睡觉。

第二天早上，手环以一定频率振动叫醒，用户感受到手腕处传来的振动，按下手环侧边的按钮关掉闹钟（图5－7）。

闹钟功能：手机设置闹钟时间，按随意键关闭闹钟

图5－7　闹钟功能

通过现场模拟手环使用的测试，以及场景模拟后与被测者的开放式访谈，我们发现以下几点问题或是体验上要关注和提升的设计点：

（1）手环的形状设计要舒适，不硌手，适宜睡觉时手腕的各种摆放姿势。

（2）手环振动提醒的频率要足够明显，起到能叫醒用户的作用，但又不至于给用户带来心理负担和烦躁。另外，还要考虑振动的时长等。

（3）由于刚起床时，用户的精神状态可能并不清醒，难以分清 A、B 键，误操作的概率很大。因此，从可用性的角度，应该设计关掉闹钟的操作为按下任意键。

场景任务2：抬起手，按 A 键查看时间（图5－8）。

这个任务虽然简单，但是有一点仍需要继续深入探究，即手势的设计：是否考虑把抬手这个动作设置为激活时间功能的机制。一般状态下，手环更多的是充当手表的角色，因此，查看时间这个功能操作应当尽量方便简洁，而需要按下 A 键才显示时间跟抬手这个动作相比，相对复杂。

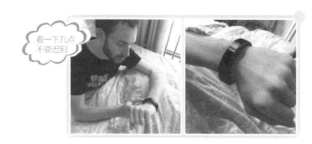

时间功能：同步手机时间，按 A 键查看时间

图 5-8　时间功能

场景任务 3：出门前，确认手环电量是否充足（图 5-9）。

电池功能：按 A 键查看电池容量

图 5-9　电池功能

查看电量是一个比较基础也较常用到的功能，没电的手环只是个纯粹的装饰物，但是也有可能会影响到情侣之间的沟通交流，导致用户体验下降。因此，这个功能的存在有一定的必要性。比较好的处理方式是手环屏幕上固定显示电池容量图标，但由于该智能手环的屏幕是由 5 mm×20 mm 的 LED 灯组成，电池剩余电量的划分可用性较低。经过测试，比较合理的设计是除了可以调用功能键查看电量之外，当电量不足 20% 时，手环自动亮灯或振动提醒用户。

场景二：与手机联系的硬件功能

硬件功能包括蓝牙断开提醒、寻找手机和遥控拍照。

场景任务 4：当手环与绑定的手机距离过远（大概 10 m）时，手环振动提醒（图 5 - 10）。

蓝牙功能：手机与手环蓝牙连接；寻找手机功能：手环与手机之间距离过远，手环振动发出警告，手机发出铃声帮助找寻

图 5 - 10　蓝牙功能和寻找手机功能

由于手环与手机通过蓝牙进行实时的数据传输，其主要的特殊功能的正常使用亦是基于蓝牙连接的基础之上，因此，要保证手环与手机的距离必须在一

定范围之内。而该任务主要在于测试当手环距离绑定的手机过远时，用户是否能够清晰辨认出手环的振动提醒。

另外，手机已经成为现代人不可丢失的重要部分，没有手机伴随身边将会给人带来很大的不安感，因此，随身携带的智能手环若能通过控制手机发出铃声而寻找手机，将能很大程度上提高其本身的实用性。

场景任务 5：点击手机拍照图标进入拍照界面，然后把手机放置在前方的桌子上或手持手机，调整好位置，然后按下手环按钮调至"遥控拍照"功能并确认（图 5 – 11）。

图 5 – 11　遥控拍照功能

自拍杆的风靡，其核心要素在于满足年轻一族向他人炫耀自拍的需求，实质上是对手机自拍效果不佳的克服。然而，自拍的需求是随时随地都有可能发生的，但自拍杆由于其物理上的不便，无法随时随地跟随用户，而手环遥控拍照便是满足这样的场景需求。

场景三：娱乐互动功能

娱乐互动功能是这款智能情侣手环的特色功能，主要有关怀振动、表情沟通和互动游戏（情侣骰子）。

场景任务 6：男方工作时突然想念伴侣了，按 B 键（Love 键）调出手环关怀振动功能，给对方发送振动；女方感受到从手环振动传来的思念，于是也按 B 键发送一表情回去，男方收到振动，查收表情（图 5 - 12）。

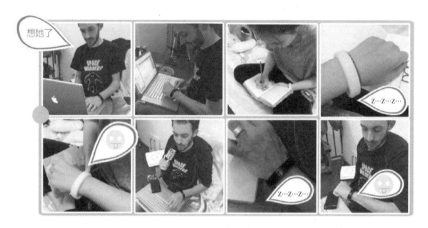

关怀振动 + 表情沟通功能：有空或无聊时，亮灯振动伴侣的手环。8/8 即 100% 的用户认同伴侣健康监测和提醒这个功能，这个也属于基本功能。6/8 的用户表示表情沟通功能也很不错，可以随时传达自己的心情给伴侣，并且建议表情可以定期更新或有一定的主题性

图 5 - 12　关怀振动和表情沟通功能

关怀振动和表情沟通功能是这款情侣手环的主推功能，因此为了方便用户能够常用该功能发送关怀振动和表情，其发送操作理应尽可能简单，易于使用。通过现场场景模拟测试，以及测试后与被测者的开放式访谈，结果如下：

（1）定义同时按 A + B 键为发送操作这一设计存在时间控制和误操作等问题，可用性低。

（2）用户建议长按 B 键为发送功能，单手操作，更方便。

（3）表情可以定期更新或有一定的主题性，甚至可以通过软件进行自定义，提高趣味性。

场景任务 7：分别短触 3 次 B 键，情侣双方的手环都转到游戏界面，一起摇晃手环（图 5 - 13）。

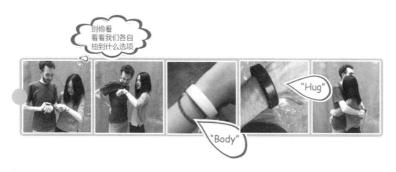

互动游戏功能：类似于情侣骰子，女方手环上随机出现一个身体单词，男方手环随机出现一个动词，4/8 的用户认为可以保留，挺好玩、有新鲜感

图 5 – 13　互动游戏功能

该功能在于提高情侣在一起相处时的情趣，类似于情侣骰子。通过测试发现，一半的用户认为该游戏挺好玩、有新鲜感。但是，与其他功能相比，游戏功能的使用频率较低，因此设计为短触 3 次 B 键这一操作较为合理，用户也反映如何结合软件进行更有趣的游戏设置还需要进一步提高。

总的来说，通过现场测试，我们收集到了很多关于手环的物理使用和功能设计上的反馈和建议，对手环的改进起到了积极的作用，包括手环的形状和大小的设计是否舒适、按键的软硬件设计可用性程度、不同频率振动的意义和识别度等。

5.3　汽车安全驾驶设计研究与倒车场景 HUD 设计项目

5.3.1　项目背景

汽车安全驾驶研究项目一共有 4 个阶段，包括前期调查与场景分析、概念设计与方案论证、安全驾驶服务设计和倒车场景 HUD 设计。第一阶段通过资料收集、产品分析、需求调研、场景分析等过程大量收集相关资料，并详细分析影响驾驶安全的因素，结合问卷访谈分析用户需求；第二阶段针对需求产生低保真原型，提炼关键场景，然后进行现场测试以改进原型；第三、第四阶段则是挑选出倒车场景进行 HUD 界面设计和制作 DEMO。

本小节重点在于讲解用户现场测试方法在实际项目中的运用，因此，将较少涉及项目最后两阶段对倒车场景 HUD 的设计。

5.3.2　场景观察

汽车驾驶中行为研究项目里场景观察方法的前期调查与场景分析阶段，我们安排了 3 次驾驶场景观察，通过对驾驶员的操作以及对环境处理的观察，深入了解在实际驾驶场景下通常可能存在的一些安全问题，进一步寻找出具有普遍性的安全驾驶影响因素，以便进行深层次的需求分析。

由于白天的驾驶场景与夜晚的情况相差较大，于是我们的场景观察安排在白天和夜晚分开进行。

场景观察——白天

第一步：设计场景观察点。针对白天场景，我们重点观察城市、城郊等各种路况的行车安全问题，下面是出发前准备好的观察点。

（1）匀速行驶情况下，大型车、公交车对驾驶员心理、行为的影响，特别是驾驶员对车距的把握，会不会导致车道偏离？

（2）不同路况下的变道操作，车辆少时有没有频繁变道？什么情况下会变道？变道时方向灯如何操作？

（3）不同路况下的超车行为（频率等），超车时对车距的判断，后视镜盲区的影响。

（4）红绿灯十字路口或直角转弯时，对周围车辆行人距离感的判断。

（5）倒车入位时，后视镜的观察，车距的把握，盲区的影响——地下停车场灯光暗，柱子比较多，车停在两车之间。

（6）地下车库停车时，后视镜有没有白斑效应？若有，对驾驶员的影响如何？

第二步：事先规划好行车路线。根据对周边道路的调查，选择一条满足所有观察点的路线，即先后历经各种路况，具体安排如表5-5所示。

表5-5　场景观察

场景观察：白天	
时间	11月10日下午3点半
行车路线	校门口—安亭—工业园区—嘉定
被观察人员	陶女士
观察人员	A：观察驾驶环境；B：观察驾驶员操作行为和表情；C：拍照、录音，做记录
目的	了解白天城市、城郊等各种路况行车安全问题

第三步：进行观察（图5-14）。

图5-14　观察行车安全

如图 5-20 第三图所示，可以观察到驾驶员对与前方车辆的车距控制。通过访谈得知，该驾驶员车距判断主要凭感觉，对于小型车，原则是车头看不到前车的牌照就行，大概 1.2 m（驾驶员身高不同而使得车距的把握不同，有较强的个人的主观性）。

第四步：记录观察。首先要记录好被观察人员的基本信息，特别是性别和驾龄，因为性别和驾龄是安全驾驶的重要影响因素。最重要的是，汇总观察结果并进行驾驶分析（表 5-6）。

表 5-6　驾驶员基本信息表

项目	信息
性别	女
年龄	27 岁
驾龄	约 8 年
职业	行政人员
车型	Ford

最后的驾驶分析结果如表 5-7 所示。

表 5-7　驾驶分析结果

序号	项　　目
1	会一下子变两个道，从辅道行驶到正道的中间道
2	想变道超车的情况多是因为前车行驶速度太慢
3	当前车突然变道且不打转向灯的时候，变道超车会遇到困难，此时驾驶员会按喇叭示意，实在不行会放弃超车
4	车况较好、车辆较少的时候，驾驶员会频繁变道超车，且行驶速度较快
5	驾驶员变道原因：前方车速较慢为了超车、需要转弯变到相应的道、红绿灯比较多需变到相应的道上。有时候变道不打转向灯，有的是因为忘了，有的是因为看了后面的路况，觉得没有必要打转向灯
6	红绿灯变道的时候，驾驶员会提前变道，一般不会突然变道。具体的什么时候变道没有明确的标准，往往是靠感觉

续表 5-7

序号	项 目
7	当车辆靠右行驶时，驾驶员会频繁注意道路的右边，主要是注意辅道或路边的行人、自行车和摩托车等
8	遇到陌生的道路的时候，驾驶员会使用手机导航，在开车前先看好路线，在开车过程中，只听声音，不看手机，手机会放在操作杆后的空位
9	该驾驶员车距判断主要凭感觉，对于小型车，原则是车头看不到前车的牌照就行，大概1.2米，但每个人的身高不一样，所以还是看个人
10	在行驶过程中，有一个路口，因为没有看到地上的路标，而在红绿灯前突然变道
11	对于大型车辆，驾驶员不会惧怕，但会保持一定距离，其中土方车是最想避让的，第一土方车经常会抖出泥土之类的，第二行驶过后会扬起沙，影响视线
12	在匀速驾驶的时候，驾驶员习惯一手握方向盘，一手握操作杆，原因是自己习惯开手动车
13	驾驶员的倒车技术比较熟练，在侧倒、正进、反进的时候速度都比较快，一方面是因为驾驶技术比较娴熟，另一方面，停车的时候空间比较大，邻近没有车辆
14	驾驶员对上方的路标不会特别在意，因为对路线比较熟

白天驾驶安全的主要影响因素可以总结成图 5-15 所示。

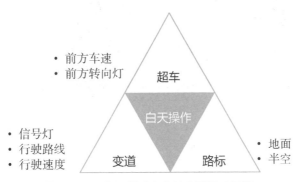

图 5-15 白天驾驶安全的主要影响因素

场景观察——夜晚

夜晚的观察（图 5 – 16）与白天的流程一样，主要区别在于观察的重点不同，目的不同。夜晚观察的目的是高速、下班高峰期的夜间行车安全问题，观察点列举如下：

（1）高速行车的速度，超车行为，有没有其他一些开车的行为习惯。

（2）下班高峰期，低速行车时，油门刹车的操作，前后车距的把握。

（3）有没有及时看见各种道路标志、标牌。

另外，还可以在观察之后进行情景式访谈，问题如下。

（1）高速行车过程中，有没有注意力分散的情况发生？是什么原因导致你分心？

（2）傍晚弱光环境下，有出现白斑效应，即后视镜晕眩，干扰正常驾驶吗？

（3）红绿灯前，或是下班高峰期低速行车时，对车距和行人的把握有没有感到困难？

（4）在什么情况下，你会忘记或看不到路标？

（5）根据实际情况提问。

图 5 – 16　夜晚场景观察

夜晚场景的驾驶分析结果如下。

（1）因为上海非机动车较多，整个行驶过程中经常查看右视镜，观察是否有非机动车行驶过来。

（2）拐弯或变道时，因习惯提前看后视镜确认是否有车辆在后方，所以会忘记打转向灯。

（3）在车速较低时会主动看后视镜来观察周围环境。

（4）爬坡时打开远光灯来判断路线。

（5）夜间，为了看清路面白线来判断道路走向会开远光灯。

（6）超车时，判断与后车的相对速度。

（7）通过两个后视镜的亮度来判断左右侧是否有车辆。

（8）前方车辆较为平稳地行驶时会习惯跟车，这样会比较轻松。

（9）晚上更容易急刹，因为相较白天，不能准确判断前车速度。

（10）遇车辆缓行时，男性会挂空挡刹车踩得比较轻，女性比较不愿意换挡，会一直踩刹车。

（11）晚上更倾向于跟车，这样更轻松，但也容易发生追尾事故。

（12）高速路上转到另一条路上时，打转向灯提醒后车不要跟车，以免后车走错路。

（13）自发光的广告或警示牌光强度过大，会给驾驶员带来很大干扰。

（14）有些车，例如拖车，车体后方会安装强度很大的灯来防止后方车辆跟车太紧，但若行驶路线相同，前方一直有强光照射，干扰会很大。

（15）车内外温度或湿度相差较大，挡风玻璃会突然起雾，视线突然消失，十分危险，只能通过驾驶员或副驾驶手动清除，或马上开窗，但不能马上做出反应。

总的来说，夜晚驾驶的安全问题主要涉及 5 个方面，总结如图 5 - 17 所示。

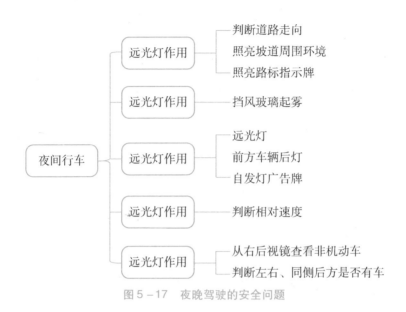

图 5 –17 夜晚驾驶的安全问题

5.3.3 焦点小组

基于前一节内容提到的场景观察结果，我们进行了焦点小组讨论，展开讨论所有可能发生安全事故的场景，深入探讨各个安全事故场景发生的原因，并对所有原因进行分类和归纳（图 5 –18）。

图 5 –18 焦点小组讨论分析

经过焦点小组讨论分析，我们总结了六大类因素。A 类为道路状况，如窄路、弯道等；B 类为机动车，如周围机动车的车速、车距的判断；C 类为行人、非机动车较密集的情况；D 类为路标，包括路面标志、限速标志、红绿灯、广告牌等；E 类是一些特殊的自然环境，如夜间、雨天、雾霾等恶劣天气下行车状态；F 类则特指驾驶车辆本身的问题，例如新手女性驾驶员开别人的车时，由于无法准确掌握该车的油门力度，可能会发生安全问题。

焦点小组分析结果汇总如表 5-8 所示。

表 5-8 安全驾驶影响因素以及对应的驾驶场景

A 类：道路状况，如窄路、弯道等——路况	
A1	路况好，从辅道变到主道时一下子变两个车道
A2	在人车较多的窄路行驶，不断踩刹车
A3	前车行驶速度较慢时，频繁变道超车
A4	转弯，确定无车尾随后，不打转向灯
A5	拥挤的窄路，后视镜有盲区
A6	窄道，车距判断不准，发生刮擦
B 类：机动车，如周围机动车的车速、车距的判断等——车况 1	
B1	刹车时与前车最小距离是车头看不到前面的车牌
B2	两车反向变道时不能发现彼此的意向，须临时避让
B3	A 车欲冲过绿灯，前车突然刹车导致 A 车紧急刹车
B4	出入口处，邻道车突然急变道
B5	后视镜没看到后车时，变道不打方向灯
B6	前后车辆行驶很慢，尤其是在路口会和前车贴得很紧
B7	大型车超速而过，车内乘客莫名尖叫，引起驾驶员的紧张和心慌
B8	夜间，要变道时，通过看两边后视镜是否有反光来判断车在左还是右
B9	路口拐弯处有摆摊或其他障碍物，转弯须小心

续表 5 - 8

B10	无法准确想出最有效的停车入位路线
B11	加速变道超车时，前车也突然同向变道且不打方向灯
C 类：行人、非机动车较密集的情况——车况 2	
C1	观察三个后视镜来确定后方非机动车走向
C2	转弯路口突然出现高速行驶的摩托车，车主立刻急刹车
C3	在无斑马线或红绿灯的路况下，行人和障碍物容易导致紧急刹车
C4	岔路口突然行驶过来行人或摩托车，特别是导航覆盖不全的乡村岔路口
D 类：路面标志、限速标志、红绿灯、广告牌等——路标	
D1	特殊路况下（校内）行驶，驾驶员更易于受环境影响而变得更谨慎或放松
D2	无监控路段容易频繁发生小型违规事件
D3	无法判断是否超过停车线（新手）
D4	找不到或误判停车位导致多余倒车操作让人烦躁
D5	前方过亮的发光体带来干扰
D6	本可以直行的路面标志由于箭头被磨掉而被误解不能直行
E 类：夜间、雨天、雾霾等恶劣天气——自然环境	
E1	夜间行车，不能准确判断前后车的车速，不敢超车
E2	夜晚高速行车，打开大灯看清路面白线
E3	前方土方车经过，尘土漫飞，视线受到影响
E4	夜间行车，前方车辆行驶稳定，为减少判断周围环境的动作会选择跟车
E5	车内外温差较大，使挡风玻璃起雾，夜间视线被完全遮挡，无法立即反应
E6	夜间行车，上坡，需要打开远光灯照明
E7	下雨天对比度低，反应较慢
E8	夜间灯光较差，不能准确判断车速，更容易刹车
F 类：驾驶车辆本身的问题——车身信息	
F1	开不熟悉的车，无法准确掌握油门力度

5.3.4 关键场景描述

经过大量的资料分析、调研和场景观察，以及多次的"头脑风暴"和焦点小组讨论，我们根据典型的驾驶体验把驾驶场景划分为 5 个关键场景，即红绿灯路口、变道超车、路边小道、低速行驶和停车，并进行详细的关键场景描述，抽象出具体的安全驾驶问题。

场景概述：李红驾车去幼儿园接 5 岁的儿子放学。

角色信息见表 5-9。

表 5-9 角色信息

姓名	李红
性别	女
年龄	32 岁
驾龄	3 年
性格	有点急性子，胆子也比较大，对自己也比较自信

关键场景：包括路边小道、变道超车、红绿灯路口、拥挤道路状况下低速行驶、停车等。

（1）路边小道。李红沿着直行的道路一直前行着，这时前方右侧的某个小道中突然出现一辆电动车，在前方划出一个大弧度之后，靠右边向前直行。虽然过程只有几秒钟，但是李红还是被突然冲出来的电动车吓到了，紧急打了方向盘和减速，幸好没有发生什么事故。该路口较隐藏，路边有两栋房子挡住了李红的视线，所以李红没有看到。镇定之后，李红继续前行，向儿子的幼儿园开去。——路边小道的视线受阻。

（2）变道超车。李红沿着一条大道行驶着，正前方的车正以一个很低的速度行驶着，跟了一段时间后，李红觉得它应该会一直这样低速行驶下去，也没有打转向灯，于是李红决定变道超车。李红看了看自己车后方没有车辆，于是她没有打转向灯直接变道至左边的车道了，但是，此时前方的车辆也突然开始向左变道，李红立即按喇叭，并打转向灯，也更向左侧偏转了，前方车辆注意到后，又回到了原来的车道。这次也是发生在几秒钟之间，但李红还是受到了惊吓。——变道的时候前方车辆也突然变道。

（3）红绿灯路口。在这个惊吓之下，李红继续前行，由于李红还没有从刚刚的紧急情况中摆脱出来，所以没有注意到前方的红灯，于是在临近十字路口的时候，采取了急刹车的操作。——开小差导致没有注意到红绿灯。

（4）拥挤道路状况下低速行驶。这之后，李红继续前行，但是在快到达幼儿园的时候，她遇上了堵车，而且周围行人和非机动车比较多，难以前进。李红看到右边的车道有些空隙可以变道插入，心急的她立即打方向灯欲变道，但突然紧急刹车，因为通过后视镜看到后方一辆摩托车快速逼近。——在拥挤道路上，注意力过于集中在前方而忽视了后方情况，特别是非机动车。

（5）停车。在快到幼儿园门口的时候，已经有很多来接孩子的家长了，停车场的车太多，李红最后好不容易找到了一个两车之间的空位。她小心地将车正倒入车位中，倒车过程中她不时开窗探头和利用后视镜看与左右车的距离，以及确定与后墙的距离。在这个过程中，汽车的停车警报系统一直响个不停。——停车位也不好找，倒车时驾驶员盲区以及对车距和障碍物距离的判断。

5.3.5 现场测试

该项目中针对安全驾驶问题进行的概念设计基于抬头显示器（HUD）与增强现实技术结合，而且对仪表盘进行再设计和利用，这也是一个挑战。在进行界面设计时，过于复杂或者是令人费解的交互反而可能会吸引驾驶员的注意力，让路上行驶的驾驶员处于更危险的境地。为了避免这些问题，我们的汽车 HMI 设计在驾驶过程中更多地考虑语音交互，手动操作则是在开车前的系统设置，而其他需要触屏的情况也要保证手离开方向盘的时间尽可能地短。另外，从一个屏幕到下一个屏幕的显示布局要一致。保持布局一致，驾驶员才能保持不同情境下的一致的方向感和关联；模式和情境的转换要简单并且易于理解；提供声音反馈等。

由于汽车 HMI 设计的复杂性，其信息的呈现和提示等交互方式都需要结合具体的车内车外环境进行充分的考虑。我们进行了现场测试以验证概念原型的可用性。

测试目的：验证问题的重要性和需求的普遍性以及原型设计的信息呈现内容、位置、提醒方式等，为进一步改进原型提供依据。

测试对象：由于技术上的限制，无法在驾驶的同时进行概念测试。于是，我们先是安排被测者在规定的路线上行驶，体验之前提到的 5 个关键场景，然后观看概念设计动态原型并进行访谈（图 5 - 19）。

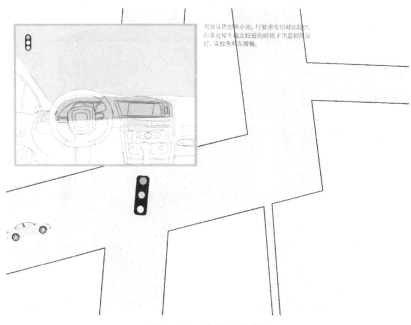

图 5 - 19　动态原型截图

Vbox 由 4 个摄像头、1 个 GPS 和控制盒组成（图 5 - 20）。测试前，先用手提电脑安装对应的 Vbox 软件对摄像头进行校准，并准备一个足够大容量的内存卡插入控制盒，用于视频存储。接下来，暗转 Vbox，GPS 贴在车顶，用于检测地理位置；一号摄像头贴于车后玻璃，检测车辆后方路况；二号摄像头贴于中央控制台前方玻璃，检测车辆前方路况；三号摄像头贴于车左侧车窗玻璃，监测驾驶员行为；四号摄像头贴于车前玻璃，监测驾驶员表情。驾驶过程中，4 个摄像头的开启与关闭由控制盒开关控制。

图 5 - 20　Vbox 设备

场景测试过程见图 5 - 21。

图 5 - 21　录制视频截图

上图中的被测人员 2009 年拿到驾照，但没有经常驾驶，特别是倒车的经验很少，只有 1 次，所以不敢倒车，经常开自动挡的车，不怎么开手动挡。

由于现场测试成本比较大，我们此次只测试了 3 个目标用户（新手驾驶员），表 5-10 是针对各个关键场景测试结果的汇总。

表 5-10　关键场景的测试结果

关键场景	测 试 结 果
路边小道	挡风玻璃：红点闪动代表有机动车或非机动车提醒
	仪表盘：显示周围车况的缩略图
	语音提醒：红点停止闪烁时，语音提醒驾驶员
红绿灯路口	挡风玻璃：显示虚拟红绿灯，并显示相应的秒数
	仪表盘：显示周围车况的缩略图
	语音提醒："前方停车线，请刹车！"
变道超车	挡风玻璃：显示后车的车速和车距
	仪表盘：显示周围车况的缩略图
	语音提醒：前车或后车车距预警可以语音提醒
安全车距监测	车距预警提醒信息不要变化明显
	语音预警车距，不要在现实影像中叠加
拥挤道路后方路况监测	直接告诉能不能超车比较好
	主要应该是与周围车车距的问题
	主要看要变道处前后车距离够不够大
停车	可以找停车位会更好
	主要是不好判断车头右侧与右侧的距离
	会对车轮的方向感到疑惑
	最重要的是停车路线，其次是实际的后倒车影像

接着，根据测试结果，我们对原型进行改进如图 5 –22 所示。

图 5 –22　安全驾驶 HMI 概念原型设计

6

眼动测试

6.1 基本概念

6.1.1 定义

眼动包括注视与眼跳两种基本运动，在眼动结果图中会通过圆圈与线段来表示，从而得到眼动轨迹图。

当前的眼动仪多是运用红外线捕捉角膜和视网膜的反射原理，来记录用户的眼动轨迹、注视次数、注视时间等数据，以确认参与者在测试过程中注意力的变化路径及注意力的焦点。

6.1.2 眼动仪的技术与原理

眼动仪可以通过图像传感器采集的角膜反射模式和其他信息计算出眼球的位置和注视的方向。结合精密复杂的图像处理技术和算法可以构建一个注视点的参考平面图（图6-1）。

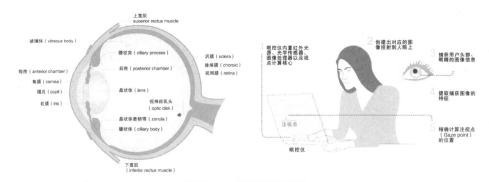

图6-1 眼动测试原理

图片来源：https://www.tobiipro.com/zh/learn-and-support/learn/eye-tracking-essentials/how-do-tobii-eye-trackers-work/。

6.1.3 作用

眼动具有一定的规律性，而这些规律性揭示了认知加工的心理机制。因此，研究人的眼动是具有很大的意义的。目前，眼动研究的成果已经在心理研究、可用性测试、医疗器械设计和广告效果测试等众多领域发挥重要作用。在软件和页面可用性研究中，我们可以通过眼动测试研究用户在执行任务操作时的视线是否流畅，是否会被某些界面信息干扰等。

（1）获悉用户浏览的行为和习惯。

（2）帮助研究人员分析与澄清问题。

（3）眼动图是优质的研究结果展示工具，起到良好的信息传达作用。

（4）有利于创建高效的页面布局。

6.2 眼动仪使用

6.2.1 眼动仪使用注意事项

（1）眼动研究可靠性的前提是大脑–眼睛一致性假说的成立，即人们所看与所想的通常是一回事，尤其是人们专注于某一特定任务时。

（2）眼动研究的一个重要原则是不要单纯依赖于眼动数据。例如长时间的视线停留既可能是用户看到了感兴趣的东西，也可能是用户对某些内容感到困惑。要了解用户的想法，必须通过询问或结合其他方法进行。

（3）要得到稳定的热点图至少需要 30 个有效的被试数据。

（4）用户的浏览方式随任务不同而变化。如果使用了不合理的任务，得到的结果很容易有误导作用。

（5）单个测试的结果说明不了共性问题。要获得有普遍意义的结果，需要有多个同类型网站的比较才有可靠性。

6.2.2 数据分析

多种眼动测量指标包括注视时间、注视次数、视觉扫描路径长度和时间、眼跳次数和眼跳幅度等。图6-2～图6-4为国内某游戏开发公司的产品界面。

（1）注视热点图。用不同颜色来表示被试者对界面各处的不同关注度，从而可以直观地看到被试者最关注的区域和忽略的区域等（图6-2）。

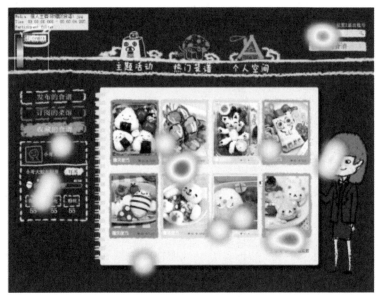

红色区域为注视时间较长的区域

图6-2 热点图

（2）注视轨迹。纪录被试者在整个体验过程中的注视轨迹，从而可知被试者首先注视的区域、注视的先后顺序、注视停留时间的长短以及视觉是否流畅等（图6-3）。

（3）兴趣区分析。考察被试者在每个兴趣区里的平均注视时间和注视点的个数，以及在各兴趣区之间的注视顺序（图6-4）。

通过轨迹图可以窥探用户的浏览习惯，并验证界面设计是否符合预期的期望

图6-3 轨迹图

划分兴趣区并得到兴趣区停留时间和多个受试者注视情况统计

图6-4 兴趣区图

把握要点切忌过度诠释数据，不单纯依赖眼动数据。

（1）不要用定量的语言描述定性的数据。

（2）不要用小样本做整体性推导，对比用户组。

（3）无须呈现没用的结果，关注具有指导意义的结果。

（4）绝对舍弃校对不准或捕获质量低的数据。

（5）充分结合访谈之类的主观用户反馈等进行分析。

6.3　案例分析："宽带卫士"的眼动仪测试

6.3.1　背景

下面是"宽带卫士"的眼动仪测试的部分报告，用于解释相关知识的运用。眼动仪测试在操作上并不困难，重点在于其数据的分析。

6.3.2　测试使用的设备

眼动仪型号：Tobii X60；

操作系统：Win7；

浏览器：Internet Explorer（IE）；

实验室：Tobii Studio。

6.3.3　测试目标概述和方法流程

以评估"宽带卫士"系统的可用性及需求的达到程度作为目标，针对软件采用眼动仪测试法，测量用户与产品的交互特点。在测试过程中，我们将重点放在测量用户在多大程度上能够成功完成一些具体的、标准化任务，以及他们在此过程中所遇到的问题。测试结果能揭示用户在理解和使用产品时所遇到的困难所在，以及那些用户较容易成功完成任务的方面。

选取一定量的用户及不同层次的用户群体（普通用户、中级用户及专家级用户等）对设计成品（"宽带卫士"模拟 Flash、软件初始界面及改进原型等适合直接使用的低技术含量原型）进行可用性测试，从多角度、多层次获取用户反馈及检查交互框架中的主要问题并细化（如按钮标签、操作顺序和优先级等等）。

通过测试"宽带卫士"模拟 Flash 可以发现产品本身存在的可用性问题，然后为接下来的原型设计提供依据，接着对软件初始界面进行测试以期尽早识别问题，方便改进，最后对改进原型的测试主要是为了验证可用性问题修正的准确性（图 6 - 5）。

3 个界面从左到右依次为"宽带卫士"模拟 Flash、软件初始界面及改进原型的界面

图 6 - 5　界面

下面以软件初始界面测试为例介绍此次眼动仪测试过程。

6.3.4　测试过程

实验时，被试者将坐在安装有红外灯和摄像头的电脑仪器前，注视前方计算机屏幕上显示的图形。主试者通过测试计算机来控制图像，显示计算机上所显示的图像，并采集分析被试者的眼动数据（图 6 - 6）。

用户在主持人的引导下完成要求的任务。在完成任务的过程中，用户眼睛的数据都会被眼动仪记录下来，最后，用户需要回答主持人的几个问题，作为信息的补充（表 6 - 1）。

通过精确的眼动仪系统记录相关实验数据，如注视点数据（每个注视点的

图6-6　眼动仪器测试过程

平均持续时间和百分比）、兴趣区（向被试者呈现视觉刺激的某一特定区域）、驻留时间（花费在注视一个兴趣区上的总时间）、扫视时间和距离（两个注视点之间的间隔时间和长度）、平均瞳孔直径等。后期通过分析这些数据，即可推断测试者在进行软件操作的内部心理活动。

表6-1　眼动仪测试任务列表

任务序号	任务描述
任务一	请你指出软件的主要功能项，并进行阐述
任务二	我想要了解我的电脑系统是否安全、健康的程度，以便我来进行相应的处理
任务三	我的浏览器使用了很久的时间，担心会中木马等病毒，我想要全面地针对浏览器进行检测和修复
任务四	我的电脑开机时启动较慢，我想了解一下开机时具体有哪些软件或程序是和系统同时启动的

6.3.5　软件初始界面详细分析

任务一：请你指出软件的主要功能项，并进行阐述（图6-7、图6-8）。

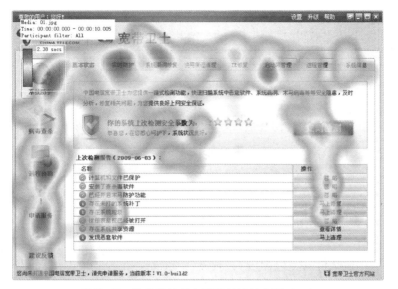

图6-7 软件开始状态所有被试热点图（一）

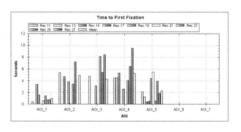
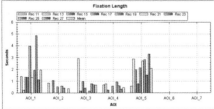
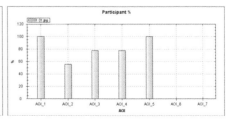

图6-8 兴趣区图及基本数据（一）

得出结论如下。

（1）用户的理想路径应该是：软件一级功能以及申请服务区域（AOL_5）→软件二级功能（AOL_1）→功能面板（AOL_2、AOL_3、AOL_4）。

（2）用户第一次观看软件一级功能（AOL_5）以及软件二级功能（AOL_1）的时间都比之前缩短了，同时，整合了之前"申请服务"的按钮，将其设计为与软件一级功能（AOL_5）其他标签一样，这样就提升了它的受关注度。经过整合的软件一级功能（AOL_5）以及软件二级功能（AOL_1）用户观看到的概率都达到100%。

（3）从热点图可以看出，整个开始界面软件一级功能（AOL_5）以及软件二级功能（AOL_1）热度分布都较为平均。因此，必要的视觉再设计可以提升功能的关注度。

（4）"立刻检测"经过再设计后，所处的背景变为灰色，被观看到的概率比之前有所提升，但还是不足60%。其位置与风格还需斟酌。

任务二：我想要了解我的电脑系统是否安全、健康的程度，以便我来进行相应的处理（图6-9、图6-10）。

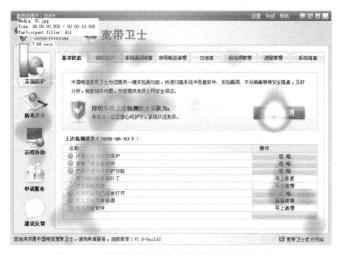

图6-9 软件开始状态所有被试热点图（二）

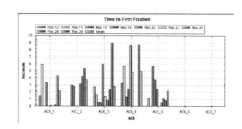
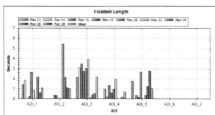
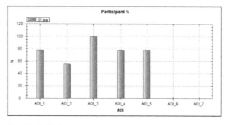

图6-10 兴趣区图及基本数据（二）

得出结论如下。

（1）用户的理想路径应该是："立刻检测"按钮（AOL_2）→名称列表（AOL_3）→操作列表（AOL_4）。

（2）经过修改的界面，用户注视名称列表（AOL_3）和操作列表（AOL_4）的平均时间比之前短，显示用户在上面思考的时间也较短，分别为0.69秒和0.4秒。根据测试后访谈可知，用户认为名称项和对应的操作在颜色上有对应可以让他们更快地寻找到目标。

（3）同时，用户指出，他们期望操作列表的操作选项点击的区域可以大一点，这样会更加方便在列表中操作。

任务三：我的浏览器使用了很久的时间，担心会中木马等病毒，我想要全面地针对浏览器进行检测和修复（图6-11～图6-13）。

图 6-11 "IE"修复功能女性被试热点图

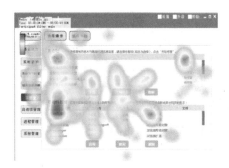

图 6-12 "IE"修复功能男性被试热点图

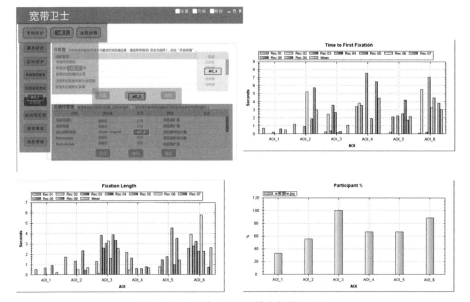

图 6-13 兴趣区图及基本数据（三）

得出结论如下。

(1) 用户的理想路径应该是：待修复列表项（AOL_3）→列表项的状态（AOL_4）→功能按钮（AOL_5）。

(2) 在观察没有经过美化的修改原型，用户需要花费多一些时间才能观察IE 修复列表项（AOL_3）及其状态（AOL_4）。但是经过重新设计的功能按钮（AOL_5），用户花费寻找的时间大大缩短，为平均 2.2 秒，比之前缩短了一半。从热点图也可以看出，功能按钮（AOL_5）被注视的程度是相当高的（呈红色），而相比之前的（黄色）更受到用户关注。

(3) 界面同时将"IE 插件管理"提升到与"IE 修复"项同一级别后，在整个任务过程中，观察到此功能的用户概率比之前只有一个按钮显示的概率提高了（之前约 55%的用户观察到该功能，修改以后 90%的用户观察到该功能）。

(4) 经过"状态"归类排序后，用户凝视"IE 修复"列表"状态"一栏的时间相对减少了许多。经过归类的列表让用户更加容易找到"待修复"的项目。

任务四：我的电脑开机时启动较慢，我想了解一下开机时具体有哪些软件或程序是和系统同时启动的（图 6 – 14、图 6 – 15）。

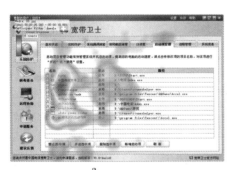
a

b

a：女性；b：男性

图 6 – 14　"启动项管理"功能女/男性被试热点图

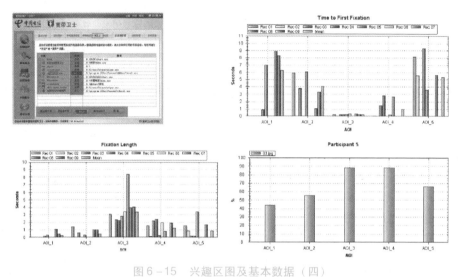

图 6-15　兴趣区图及基本数据（四）

得出结论如下。

（1）用户的理想路径应该是：启动项列表（AOL_3）→列表项的状态（AOL_4）→功能按钮（AOL_5）。

（2）用户第一次观看启动项列表项（AOL_3）的时间比修改之前缩短了，平均需时 0.2 秒，访谈可知，用户认为列表每一行有线区分会较为容易看到目标。

（3）用户第一次观看到功能按钮（AOL_5）区域的时间也是比较长。但是，从热点图可以看出，用户经过修改的界面上对按钮的注视基本集中在第一个按钮，按钮的视觉美化、视觉区分，对用户找到相应功能有相当影响。

（4）经过修改，用户在注视列表项的状态（AOL_4）花费的时间缩短了（此时列表项共有 10 项），平均需时 1.2 秒。经过访谈可知用户比较喜欢使用"灰化"代表"禁用项"。

7

某直销企业商务随行软件可用性测试

　　本项目根据某直销企业公司设计需求，首先针对某直销企业商务随行客户端的"在线购物"和"订单管理"两大功能模块进行流程优化设计，兼顾系统的其他相关功能，加强用户在使用过程中的用户友好性，为下一阶段的动态交互原型制作工作奠定基础。软件以某直销企业营销代表作为优化对象。以典型用户代表深入访谈和眼动仪测试，手机纸质原型和测试方法为主，结合其他形式的设计调查方法展开进行。然后，基于上一阶段的原型流程图，制作动态交互原型，更直观地展示"在线购物"和"订单管理"两大功能模块优化后的流程。经过多次迭代，优化某直销企业商务随行软件。

　　从最初的需求分析到最后的仿真系统网络测试，我们分阶段、分目的地进行多次访谈和调研，了解用户需求，优化软件原型，得出最终优化方案。整个过程耗时近两个月，每一个阶段得出不同的产物，然后以上一阶段的产物为基础，进行后一阶段的访谈和调研。

7.1　用户调研

7.1.1　客户访谈

　　为更好地了解某直销企业商务随行软件在线购物功能的使用情况，确定改进方向，我们邀请了某直销企业相关工作人员参与用户访谈。虽然他们是设计的间接关注点，并非亲自使用该软件的人，但是他们对直接使用者，即某直销企业营销人员的购买行为及习惯有较深的了解。通过他们，我们了解的信息包括：用户购买产品的业务流程、用户使用某直销企业商务随行软件比例，使用该软件购物的动机与期望、现有软件的使用问题及挫折。

访谈对象

对象：某直销企业工作人员。

人数：5。

访谈问题

访谈问题见表 7 – 1。

表 7 – 1　访谈问题

共 性 问 题	询问不同角色的状态 （你所了解的 5 种角色的状态）
姓名、年龄、工龄、职位、教育程度	这些业务员的工作流程是怎样的？他们常采用的购买方式如何（了解级别）
请直接阐述一下你们公司业务流程（采购流程，谁下单，如何下单，下单量，谁付钱，如何付钱等问题）。更高职位的销售者是否需要经常出差到外地与其他直销者分享经历？更高职位的销售者每月是否需要做到一定的销售额？为什么你们的送货方式会分为送货上门和店铺自提两种？你们的送货上门方式是否需要业务员支付邮费，具体是如何支付的（例如，买够多少钱可以不用支付运费）	他平时使用计算机的时间多吗？有没有利用计算机网购的经历（了解年龄层）
业务员是否使用过某直销企业的 Web 端订购产品？他们对 Web 端使用的反馈如何	你了解他们是否拥有智能机？平时会经常使用吗？他们使用过手机进行网上购物吗？他们常采用的支付方式是什么，支付宝，网银，还是其他（了解级别）
了解到的业务员有没有使用到智能手机？他们使用智能手机的状况如何？是否会通过智能手机购买、消费、下订单等	他们使用过某直销企业商务随行软件购买产品吗？购物过程觉得顺利方便吗？您觉得在使用过程中遇到最大的问题是什么？（APP 里面已付款功能中是否有"重新下订"的功能）（了解级别）

续表 7 – 1

共 性 问 题	询问不同角色的状态 （你所了解的 5 种角色的状态）
你们可以提供一下业务员之间的关系吗？	—
是否了解你们的业务员普遍的购买方式（是网购还是直接在店铺购买）？你们的业务员是否会一次性购买大量产品，即使没有客户向他购买（他们是否会囤货）	—
你们的业务员到店铺后一般会做些什么	—
你听说过的业务员中，使用过这款应用的人多不多？他们用了之后，有没有向其他人推荐	—

访谈结果分析

访谈结果分析见表 7 – 2。

7.1.2 用户电话访谈

有不同层次（普通用户、中间层用户、专家级用户）的用户群体参与了以电话访谈为主要形式的第二轮用户访谈。他们是设计的主要关注点，是亲自使用某直销企业商务随行软件购物的人。通过与他们的简短电话访谈，我们了解的信息包括：用户主要的购买方式、对某直销企业商务随行软件购买功能的依赖程度、对某些功能的理解与使用、现有软件的使用问题与挫折等，不同用户访谈的侧重点有所不同。

访谈对象

对象：全国各地的某直销企业营销人员。

人数：27。

表7-2　用户访谈信息整理与分析

功能点		受访的5名对象					比例	结论
		一	二	三	四	五		
电脑使用情况	使用情况	使用者中年轻人占多数	一	一	使用者中年轻人占多数	使用计算机的技能欠佳	3/5	多数用户使用计算机的技能欠佳。用户中年轻人占多数
	电脑网购情况	个人有网购经验	一	一	使用电脑进行网购的用户涵盖多个年龄段	一	2/5	部分用户有网购经验,但这个数据受个人因素影响
智能手机	使用情况	使用者年轻,职位级别高。年龄较大的,年龄较大的用户会根据自己的业务学习需求使用智能手机	年龄较大40岁左右的使用者偏多	一	一	70%业务员,包括年龄较大的会使用智能手机	4/5	使用者多,多为职位级别高者
	手机网购情况	个人少用	个人喜欢在淘宝网络上网购,有支付宝账户	有智能机的用户都会进行网购	一	只有年轻人才会网购	2/5	年龄较大的用户较少使用手机进行网购

续表 7 - 2

功能点		受访的 5 名对象					比例	结论
		一	二	三	四	五		
产品购买方式	直接到实体店铺购买者多于通过 Web 端购买者，后者多于通过手机 APP 购买者	是	是	是	是	是	5/5	手机 APP 应用被接受度还不够高，需要改进 APP，以提升使用人数
家居送货方式	需要达到一定的购买金额才能送货。购买金额满 500 元起送，满 2000 元免收用户的邮费	是	是	是	是	—	3/5	考虑用户选择家具送货方式时会一次性购买大量产品的情况
易联网	使用人数比例	—	—	下 单 量 大（相对而言）	—	使用 Web 端的人不多，电脑水平不高	2/5	使用量和下单付款量比手机 APP 的大

续表 7-2

功能点		受访的 5 名对象					比例	结论
		一	二	三	四	五		
易联网	用途	下订单	—	安利公司客户和直销员的一个会员网站，不注册就无法使用	—	大多是用来查业绩、网上支付步骤繁琐，涉及及第三方支付平台，不懂得和担心资金安全	—	最主要的还是查业绩，要提升网购步骤的简洁度和支付安全性
	用途	下订单	查业绩	下订单	约 30000 人下载，少于 1% 使用其来购物	向客户展示产品以及为他们下单	4/5 下订单 1/5 查业绩 5/5	4/5 下订单 1/5 查业绩（应该是都有的，可能跟网购方式有关）1/5 给客户作展示（隐私问题）
	网购一般一次买多少产品	—	通常不会一次性只买一样产品，会购买多样产品	一般不会只买一样产品	—	—	2/5	通常不会只买一样产品，所以"马上购买"的按钮的存在意义不大
	是否会帮别人下单	是	—	是	—	—	2/5	修改配送地址的功能，添加新的安利号功能（算业绩）

续表 7-2

功能点	受访的 5 名对象					比例	结论
	一	二	三	四	五		
易联网 使用中的问题	比较满意；觉得购物车应该在在线购物中	库存不是实时的，觉得购物车放在订单管理中，不容易找到。更新和能操作有时会遇到阻碍	购物车需要在易联网上注册后，才能使用	购物过程过于繁琐。WEB 端拼单时不同业务员的卡号可分开下单但能够一并付款。	隐私问题，APP 运行慢，还出现过黑屏，图片更新慢，后台更新数据更慢	5/5	2/5 的人认为购物车目前的位置不合理； 2/5 的人认为购物过程繁琐，程序反应慢； 1/5 认为先在网上注册后才能使用不便，不断地强制性更新导致登陆很麻烦； 1/5 提到隐私问题； 1/5 希望 Web 端能提供并付款功能，结合并改进，结合 APP 也应该可以
店铺功能	购物查业绩	下订单、查业绩	—	购物业务办理	—	3/5	提到该选项的人都认为是购物和查业务等业务
其他	高级别业务员服务伙伴多，主要进行管理方面的工作，他个人不需要进行销售。会有到外地出差的可能。	—	APP 最好与易联网的流程一致	—	—	—	—

访谈问题如下。

（1）您有使用过商务随行软件吗？您主要用它来做些什么？（有没有购物的经历？）您周围使用的人多吗？他们一般用来干什么？您一般在什么情况下会使用安利商务随行来购物？

（2）您有没有直接拿着商务随行软件向客户展示产品的经历？（有没有遇到过客户不小心点进"我的助理"查看到业绩？会不会觉得不安全？）

（3）您一般是一次性购买一种产品，还是多种产品？哪种情况比较普遍呢？您平时下单量大吗？您周围的业务员也是这样的吗？

（4）在客户没有向你下订的情况下，会不会自己先买好一些产品以便随时提供货品？

（5）您在使用商务随行购物的时候，有没有遇到过在最后下单的时候发现没库存的情况？（这种时候多吗？您遇到这种情况一般是怎么解决的？在下单时，有没有习惯使用商务随行"检库存"按钮，查一下库存再下单？如果我们在现在商务随行中添加一个显示库存的功能的话，您觉得有没有必要呢？）

（6）您有没有用易联网帮过您的伙伴下过单？（用什么方式帮助别人下单？用过商务随行软件帮别人下单吗？）

（7）您会不会遇到有多张订单堆积着的情况，然后您一次性（即合并订单）或者选择性地（勾选）支付订单？（您现在一般是如何完成这个操作的呢？您有试着使用商务随行完成这项操作吗？）

（8）据我们了解，你们的一个账号会对应一个家居送货地址。那么你有遇到过需要更改地址的情况吗？（请问你们一般的送货地址会填哪里？一般是怎么解决的？觉得该软件有没有必要添加一个修改地址的功能？）

（9）您是如何理解"历史订单"中"付款中"这项功能的呢？您觉得"未付款"和"付款中"这两个状态有什么区别？您觉得这种订单一般是什么样的订单？您觉得有必要存在吗？

（10）您有使用过易联网的"合并订单"功能吗？您觉得这个功能好用吗？

（11）如果某直销企业商务随行软件可以支持您在付款的时候再登录账号，

您希望是一开始就登录,还是在浏览产品后,在生成订单的时候再登录?

(12)请问您在购物时一般是通过什么方式来搜索产品,产品名称还是产品编号?你们对产品编号熟悉吗?

访谈结果分析

访谈结果分析见表7-3、表7-4、图7-1。

表7-3 用户信息表

类别	组别	人数/人	比例
性别	男性	9	0.33
	女性	18	0.67
年龄	20~29岁	1	0.04
	30~39岁	12	0.44
	40~49岁	10	0.37
	50岁及以上	4	0.15
城市	一线城市	9	0.33
	二线城市	5	0.19
	三线城市	6	0.22
	四线城市	7	0.26

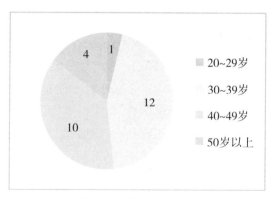

图7-1 用户年龄比例

表 7-4　电话访谈问题整理与分析

问题	期望了解的内容	访谈结果/人	结论及建议
请问您使用过商务随行软件吗？您主要用它来做些什么？（有没有购物的经历？）您周围使用的人多吗？他们一般用来干什么？您一般在什么情况下会使用某直销企业商务随行软件来购物？	了解用户及其周围人对商务随行软件的了解和使用情况	有使用过（25）/没有使用过（2）	
		主要用来查业绩（18）/购物（12）/未购物过（15）	在线购物功能吸引力有待提高
		周围的人使用多（7）/不多（14）/不了解（6）	
		使用情况：不方便去店铺（2）/促销（1）/店铺拿不到货（1）/客户急需产品（1）/购物满2000元（1）/在外需要与客户伙伴沟通时（1）/外出不便（1）/不想排队（1）/产品紧缺（1）	用户通常在不方便使用其他购买方式时才会考虑使用该软件，用户依赖度较低
您有没有使用过商务随行软件中的（互动天地）妆容预览功能向客户展示产品的经历？（有没有遇到过客户不小心点进我的助理查看到业绩？会不会觉得不安全？）	了解这种情况是否存在，且是否普遍，以及隐私问题是否有必要提出	展示的经历：有（10）/没有（14）/没问（3）	软件的展示功能较弱
		会不会被看到隐私？无所谓（2）/没有（8）	软件的安全性有保障
您购买产品时一般是会一次性购买一种产品，还是多种产品？哪种情况比较普遍？那您平时的下单量大吗？您周围的营销人员也是这样的吗？	了解用户直接购买一种产品的情况多不多。看看是否需要存在"马上购买"的功能	购买种类：一次多种（22）/一种（1）/视情况而定（2）/没问（2）	用户购买品种一般多样，优化时应能满足用户快速找到产品的需求
		下单量：大（7）/不大（4）/视情况而定（1）/没问（15）	用户下单量大，优化时应注意考虑购物车及订单的显示信息
		周围人情况：一次多种（21）/没问（6）	抽取用户具有代表性

续表 7 - 4

问题	期望了解内容	访谈结果/人	结论及建议
在客户没有向你下订的情况下，会不会自己先买好一些产品以便随时提供货品？一般是根据以往顾客的购买情况，还是产品热销程度或其他？	了解营销人员平时的产品购买动因	储备产品情况：会（24）/有一些（1）/没问（2）	用户一般会不定时补充储备产品
		依据：销售情况（9）/客户需求（10）/个人经验（3）/没问（5）	用户一般根据用户需求来补充产品
您在使用商务随行软件购物的时候，有没有遇到过在最后下单的时候发现没库存的情况？（这种时候多吗？您遇到这种情况一般是怎么解决的？在下单时，有没有习惯使用商务随行"检库存"按钮，查一下库存再下单？如果我们在现在商务随行软件中添加一个显示库存的功能的话，您觉得是不是有必要？）	检库存的位置问题	是否遇过没库存的情况：易联网（2）/店铺（7）/手机 APP（9）/没有（9）	优化时应注意库存提示的及时性
		解决方案：买别的产品（2）/从伙伴处调剂（1）/不买（3）/没问（21）	无效样本过多，须再次确认
		是否有检库存习惯：有（5）/没问（22）	无效样本过多，须再次确认
		是否希望添加该功能：是（14）/否（1）/没问（12）	优化时应注意满足用户对库存提示的需求

续表 7 - 4

问题	期望了解内容	访谈结果/人	结论及建议
您有没有用易联网帮过您的伙伴下单？（用什么方式帮助别人下单呢？有用过商务随行帮别人下单吗？）	知不知道现有的商务随行软件中有帮人下单的功能	是否帮别人下单：有（21）/没有（5）/没问（1）	用户为伙伴下单行为较普遍，优化时应注意该功能的强化
		方式：店铺（16）/易联网（7）/APP（3）/没问（3）	软件下单功能使用率较低，优化时应注意该功能的强化
		其他：希望公司培训（1）/手机和易联网一样有这个功能（2）	—
您是否使用过易联网的合并订单功能？（您现在一般如何完成这个操作？您有试着使用商务随行完成这项操作吗？）	了解 Web 端合并订单功能的使用情况；用户是否期望在商务随行中添加合并订单功能	使用合并订单功能情况：使用过（9）/没有使用过（8）/没问（10）	用户拼单行为较普遍，优化时应注意该功能的强化
		被问人数（4），其中希望添加（4）	—
		被问人数（2），其中不知道 APP 上是否有合并订单功能（2）	—
据我们了解，你们的一个账号会对应一个家居送货地址。那么你有遇到过需要更改地址的情况吗？（请问您一般会选择送到家里，工作室，伙伴家里还是直接送到客户家里？一般是怎么解决的呢？觉得该软件有没有必要添加一个修改地址的功能？）	用户需要修改地址的情况多不多，以及会不会希望添加修改地址的功能	需要更改地址的情况：有（18）/没有（6）/没问（3）	多数用户有修改配送地址的需求，优化时应添加修改地址功能
		送货到哪里：被问人数（14），其中家里（11）/客户（2）/工作室（5）/伙伴（2）	多数用户的配送地址为家里，优化时应考虑提供几个备选地址供用户选择
		被问人数（18）/希望添加（18）	优化时应添加修改地址的功能

续表 7 – 4

问题	期望了解内容	访谈结果/人	结论及建议
您是如何理解"历史订单"中"付款中"这项功能的呢？您觉得"未付款"和"付款中"这两个状态有什么区别？你觉得这种订单一般是什么样的订单呢？您觉得有必要存在吗？	用户是否理解两个状态，觉得有没有必要	理解情况：理解（7）/不理解（6）/没问（11）/其他（不注意或只理解一半）（3）	"付款中"功能用户多不能理解，优化时考虑除去
		是否必要：被问人数（3），其中必要（1）/没必要（1）/无所谓（1）	—
使用商务随行软件时，希望何时出现登录页面呢？是一进入软件就登录，还是在涉及查询个人信息或者付款时再登录呢？	了解用户更希望在何时登录	开始登录（8）/后面登录（11）/两种都行（5）/没问（3）	登录方式对用户行为影响不大
请问您在购物时一般是通过什么方式来搜索产品的呢？产品名称还是产品编号？你对产品编号熟悉吗？	选购产品的方式以及对产品编号是否了解	方式：名称（19）/图片（4）/编号（2）/没问（4）	多数用户习惯以产品名称搜索产品
		是否了解：被问人数（21），其中不了解（20）/了解（1）	产品编号不为人所熟知，优化时应弱化产品编号搜索产品功能

7.1.3 用户类别

（1）进行用户分类的目的

我们对现有的用户进行分类，理解用户真正需要什么，从而知道如何更好地为不同类型的用户服务。

（2）进行用户分类的依据

从表7-5数据中我们可以得出以下结论：

1）在某直销公司的业务员中，居住在一线城市的居多；男性的数量约为女性的2倍；50岁以下的占大多数；将近3/4的教育程度较低；工作年限超过1年的占全部业务员中的大多数。

2）在现有的某直销公司的业务员中，使用某直销公司商务随行软件的业务员约占总数的1/12。

表7-5 用户类别

类　　别		终端 APP 用户数/人
居住城市	一线城市	44
	二线城市	19
	三线城市	22
	四线城市	15
性别	男性	64
	女性	36
年龄	20～29 岁	25
	30～39 岁	39
	40～49 岁	28
	50 岁及以上	8
受教育程度	大学本科及以上	31
	大学本科以下	69
在某直销企业工作时长	1 年以内	2
	1～3 年	21
	3～5 年	19
	5 年以上	59

从上述数据中，我们抽取了区别用户的一些属性，分别是：居住城市、性

别、年龄、教育程度以及工龄。由于用户与某直销公司企业之间的关系、计算机使用情况、智能机使用情况等也会影响到用户对于商务随行软件的使用，因此，我们将用户的属性分为五大类，分别是：基本信息（包括姓名、年龄、性别、婚姻状况、教育程度、所在城市、家庭背景以及兴趣爱好）、与某直销企业的关系（包括用户如何进入某直销企业、工龄以及平时购买产品的习惯）、计算机与 Web 的使用情况（包括用户计算机拥有情况、用来做什么以及用户易联网的使用情况）、智能手机与 APP 使用情况（包括用户使用智能机的型号、平时用于做什么以及平时使用 APP 进行什么操作）以及用户目标（即用户期待 APP 实现的功能）。

综合表 7-5 中的数据，我们将现在使用某直销企业商务随行软件的主要群体的一些特征抽取出来，定义了一个用户类别：45 岁的男性，初中毕业，在某直销企业工作 8 年，现居住在广州。

另外，我们抽取了现在某直销企业大部分业务员的主要特征，将这些特征融入另一个用户类别中。虽然这一部分的人群不是目前使用某直销企业商务随行软件最多的用户，但由于他们是某直销企业的大部分业务员，可以视他们为隐藏用户，因此定义了一个角色：38 岁的女性，高中毕业，在某直销企业工作 3 年，现居住在南京。这两个用户类别是我们这次软件优化的主要针对对象。

最终，我们根据前面抽取的属性，共定义了 5 个用户类别，其中男性 2 位，女性 3 位；20～29 岁的 1 位，30～39 岁的 2 位，40～49 岁的 1 位，50 岁以上的 1 位；本科毕业的 1 位，高中毕业的 2 位，大专毕业的 1 位，初中毕业的 1 位；工龄低于 1 年的 1 位，工龄在 1～3 年之间的 1 位，工龄在 3～5 年之间的 1 位，工龄在 5 年以上的 2 位；他们分别居住在北京、广州、南京、西安和昆明。

在初步定义完用户类别的大纲之后，我们从多次访谈的结果中，了解到某直销企业业务员的计算机、智能机、易联网、APP 的使用情况以及他们对于 APP 的期望等（详见各个访谈测试的结果分析），不断地完善我们最初定义的用户类别，使得我们所定义的角色更加贴近真实。最终我们定义了 5 个用户类别，详情如表 7-6 所示。

表7-6　人物角色

人物角色一

基本信息

姓名：陈梅
年龄：53 岁
性别：女
婚姻状况：已婚
教育程度：高中
所在城市：北京
家庭背景：儿女均已工作，家中只有她与丈夫两人居住，平时只需做简单的家务，时间安排比较自由。
性格爱好：温和热心，善于交际，爱好唱歌

与某直销企业的关系

- 高中毕业后参加工作，结婚后辞去工作，做全职家庭主妇。2000 年经朋友介绍加入某直销企业。之后全职做安利 12 年。
- 常使用 Web 和 APP 帮助采购，每天的大部分时间都投入在某直销企业事业中。除去每月完成自己的销售额之外，还需要到全国各地与其他销售者分享经验。通常一次性会购买许多种产品。有时会在家中储备一些产品，用于应对客户急需某件产品的需求。一般是依据客户需求储备产品。一般选择把产品送到工作室，出差时偶尔会改为将产品直接送到客户家。她的客户一般是老顾客，基本是其之前维持的一部分，会经常向她购买固定的产品。时常会帮伙伴下单，因而会常出现更改配送地址的情况

计算机与 Web 使用情况

- 家里有一台台式机，自己有个人的笔记本，常使用笔记本电脑处理文档，以及查看个人业绩。
- 上网频率一般，一般浏览新闻或看电视剧，有过网购经验，在易联网上购买过产品，也常利用它查看业绩。对电脑的基本生活娱乐应用比较熟悉

续表 7 - 6

智能手机与 APP 使用情况
• 使用 iphone 4 手机,最常用手机打电话,发短信。偶尔拿来上网,查看地图,预订酒店、机票等。 • 常在出差途中使用某直销企业商务随行软件购买产品。也常用它查业绩。觉得通过某直销企业商务随行软件购买产品的过程比较方便

用户目标
• 希望该软件能够操作简单,步骤少,满足自己快捷下单的愿望。 • 希望网上支付的过程是足够安全的。 • 有时候希望购买的产品直接到达客户手中,现在只能在易联网上进行修改,所以希望 APP 可以添加一个修改地址的功能

人物角色二

基本信息

姓名:李玉山
年龄:45 岁
性别:男
婚姻状况:已婚
教育程度:初中
所在城市:广州
家庭背景:有个美满幸福的家庭,女儿读初中,妻子开有一家服装店。
性格爱好:沉稳顾家,坚忍,有上进心。爱好健身、打篮球

与某直销企业的关系
• 初中毕业后独自一人到广州闯荡,做过很多种工作,2004 年再次下岗后跟朋友去听某直销企业的讲座后被深深吸引,之后加入某直销企业全职工作至今 8 年。 • 常在店铺和易联网帮助采购,不常用 APP 购物。每天大概把 9 个小时投入在某直销企业事业中。每月都会要求自己完成一定的销售额。通常一次性会购买许多种产品。平时会依据客户的需求储备一些产品。一般选择把产品送到家里,出差时偶尔会改为将产品直接送到客户家或先送到伙伴家里。需要更改地址的情况不多。他的客户一般是亲朋好友及熟人,购买的产品种类涉及较广。会帮伙伴下单,一般都是在店铺帮伙伴下单

续表 7 – 6

计算机与 Web 使用情况

- 家里有一台台式机，自己有个人的笔记本，常使用笔记本电脑完成采购、查询个人业绩。
- 上网频率一般。上网一般浏览新闻或看球赛，网购经验丰富。对电脑的基本生活娱乐应用比较熟悉。使用过易联网购买某直销企业产品

智能手机与 APP 使用情况

- 现在使用三星手机。常用来打电话、联系业务、发短信等。也会用来上网，查看时事新闻，有过手机网购的经验。
- 使用过某直销企业商务随行，由于用来查看业绩很方便，因此多用于查业绩，但只有外出不方便使用电脑时，才会用手机 APP 购买产品

用户目标

- 由于无法采用店铺自提方式，购买的产品种类涉及较广，希望 APP 中的购物车和合并订单的功能可以比较强大。
- 希望满足平时购买某直销企业产品的需要。
- 希望有个随时可以查看库存的功能，因为老是会遇到买好东西后发现没有库存的尴尬局面

人物角色三

基本信息

姓名：张慧
年龄：38 岁
性别：女
婚姻状况：已婚
教育程度：高中
所在城市：南京
家庭背景：丁克家庭，无子女，丈夫是公务员。自己在家开了个网店。
性格爱好：热情开朗，精力充沛，爱好跳舞

续表 7 - 6

与某直销企业的关系

- 高中毕业后参加工作，不久与丈夫结婚。她经常宅在家，闲得无聊就让丈夫出资帮自己开了一家网店，每天在家打理。当网店发展稳定后，经同学介绍，进入某直销企业，工作至今 3 年。
- 常使用 Web 和 APP 帮助采购，每天把 5 个小时投入在企业的事业中。每月努力完成自己的销售额之外，还积极推荐自己的朋友加入该公司。家里备有客户经常购买的产品，以备不时之需。她的客户多为熟人，购买的产品种类一般为化妆品。通常一次性购买多种产品，一般会配送到家里和工作室，如果客户急需产品，会直接送到客户家，这种情况下会更改配送地址。经常会帮伙伴下单

计算机与 Web 使用情况

- 家中有一台笔记本。使用频率较高。
- 平时经常上网，网购经验非常丰富，经常在网上购买衣服以及简单的家具用品，也经常通过易联网购买某直销企业产品或查询业绩等

智能手机与 APP 使用情况

- 使用 HTC 手机，常用手机打电话发短信，也喜欢用手机听歌，刷微博。有过手机网购的经历。
- 使用某直销企业商务随行软件，经常用来查业绩，偶尔会用来咨询企业的相关问题，查看公告。使用过一次在线购买功能，但觉得不方便使用，所以还是常去店铺或通过易联网购买产品

用户目标

- 因为常常会进行拼单操作，希望可以通过商务随行，完成拼单操作。
- 希望购买产品的过程可以简单一点

续表 7 – 6

人物角色四

基本信息

姓名：蔡桐
年龄：33 岁
性别：男
婚姻状况：未婚
教育程度：本科
所在城市：西安
家庭背景：一个人在外，父母在老家，已恋爱，感情稳定。
性格爱好：有创造力。喜欢新奇的东西，爱攀岩、登山

与某直销企业的关系

- 在西安大学毕业后就留在了本地，刚毕业就在一家广告公司做设计师，之后在一个客户的推荐介绍之下加入某直销企业，工作至今 5 年。
- 经常要用 Web 和 APP 帮助采购，每天大概把 7 个小时投入在某直销企业事业中。他的客户一般是以前广告圈的客户，购买的产品种类主要是保健品。即使没有客户购买，也会在家中存放一些保健品。一次性购买多种产品，通常把产品送到家里或工作室，遇到促销而自己又不在家时，会选择购买送到伙伴家。经常帮伙伴下单

计算机与 Web 使用情况

- 由于本职工作经常接触电脑、网络，所以计算机能力不错。
- 常使用 MSN 与朋友聊天或讨论工作，喜欢炒股，经常利用网络看股市详情。网购经验丰富。会使用易联网购买产品，办理业务和查看业绩等

智能手机与 APP 使用情况

- 使用小米手机，是智能手机"发烧狂"，喜欢研究多种不同性能型号的智能机。喜欢用它查看股市详情。
- 手机中装有商务随行软件，常用来浏览产品信息，有时也会用来学习某直销企业知识。因为 2 000 元的门槛比较低，买东西也比较方便，所以经常会用某直销企业商务随行软件购买该公司的产品

续表 7-6

用户目标

- 很多时候需要帮别的伙伴下订单，希望这个过程是简便的，可以通过 APP 轻松完成。
- 希望商务随行的界面可以更加美观、清晰

人物角色五

基本信息

姓名：韩菲
年龄：24 岁
性别：女
婚姻状况：未婚
教育程度：大专
所在城市：昆明
家庭背景：家在昆明，大专毕业后与父母住在一起。
性格爱好：活泼好动，喜欢时尚、八卦，爱看韩剧、美剧

与某直销企业的关系

- 大专毕业后在一家公司做文秘，在一个师姐的介绍下，听了一次某直销企业的讲座，之后被深深感染，觉得可以完成自己的梦想，成就未来，于是决定加入某直销企业，全职工作，现已工作半年。客户源较少，在努力发展客户过程中，主要通过电话联系客户。
- 很少用 Web、APP 订货。由于资历浅，经验少，一般购买产品是根据客户需求，所以一次购买多种产品的情况较少。但是会按照顾客的需求在家里储备好一些产品。经常选择将货物送到家里然后亲自把产品送到客户手中。有请伙伴帮她下单的经历，但还没有帮伙伴下过单

计算机与 Web 使用情况

- 家中有一台台式机，常用来浏览网页，看韩剧、美剧，网购，且网购经验较丰富。读书时期，学习过简单的计算机知识，会一些基本的操作，对于新的应用软件也可以较快的上手。
- 入职该公司后，常通过易联网查看业绩并购买产品

续表 7 - 6

智能手机与 APP 使用情况
• 使用 Moto 手机，最常用手机打电话，发短信。经常拿来上网，看八卦，刷微博。 • 一般用某直销企业商务随行软件查业绩，浏览产品信息。有时会利用 APP 向客户展示产品，但较少用于下单，月末需要赶业绩的时候，会选择某直销企业商务随行软件购买产品

用户目标
• 希望可以通过商务随行软件，随时了解某直销企业的动态，学习提升某直销企业销售的方法。在促销活动时，有明显的促销信息提醒。 • 希望购物流程可以满足自己快捷方便的需求。希望可以调整一下商务随行软件中购物车的位置，经常会出现找不到购物车的情况

7.1.4　场景创建

场景是用浅显的语言描述设计中角色要完成的典型任务。它描述了角色的基本目标、任务开始存在的问题、角色参与的活动及活动的结果。引入场景描述的目的是从角色的角度描述特定角色与某直销企业商务随行软件之间的交互。它们关注的是设计场景中每一步可用的功能。通过场景，我们可以检查是否对所有有需要的功能都进行了说明，并且当用户需要时可以提供。

根据不同角色的不同用户目标，依次将场景创建如下。

角色一：陈梅

角色一场景创建见表 7 - 7，任务分析见表 7 - 8。

表 7 - 7　角色一：陈梅

场景描述	某天，某住宅小区里，陈梅在家里，在接到客户的电话急需一个"皇后中式炒锅"后，为确保产品按时送到客户手中，陈梅决定用某直销企业商务随行软件进行下单
主任务	在家里使用某直销企业商务随行软件购买其产品
用户目标	希望商务随行软件可以添加一个修改地址的功能

表7-8 任务分析

任务	登录 APP	搜索产品	将产品加入购物车	生成订单	完成支付
场景	陈梅在收到订单后,打开 APP,输入安利密码。点击"在线登录",进入安利首页	点击"在线购物",进入产品列表,在搜索框输入"皇后中式炒锅",按"搜索"图标进行搜索,在搜索结果中选中"皇后中式炒锅",进入产品信息页面	点击"马上购买",进入购买产品页面,选择"下单方式"为家居送货,想起自己刚搬家,需要修改送货地址,以为订单信息里面可又修改,于是点击"确认购买"	点击"查看购物车",点击"家居送货",再点击"生成订单",最后点击"确认订单",发现还是无法修改送货地址	点击"收银台",确认没有修改送货地址选项,于是退出商务随行软件
结果	成功登录	搜索成功,顺利进入所需产品详情页面	无法修改送货地址导致后续步骤无法进行	—	—
关键点	登录速度过慢,影响效率	搜索框没有提示信息,提示可输入产品名称或产品编号	"确认购买"存在歧义,点击后没有进入订单页面,而是提示"物品已经成功加入购物车"	无法修改送货地址	无法修改送货地址,只好上易联网上修改送货地址
建议	—	—	—	增加修改送货地址的功能	—
流程图					

流程图:首页 → 在线购物 → 产品列表 → 购物车页面 → 订单页面 → 支付确认

修改配送地址

续表7-8

任务	登录 APP	搜索产品	将产品加入购物车	生成订单	完成支付
修改方案		更改修改配送地址的位置，用户有这个需要，但是修改的情况不多，所以可以适当地隐藏修改地址的功能	原型 		

角色二：李玉山

角色二场景创建见表7-9，任务分析见表7-10。

表7-9 角色二：李玉山

场景描述	某天，某宾馆房间里，李玉山出差在外，收到老客户的短信，订购"儿童草莓"2瓶。李玉山担心出差回去后忘掉此事，于是打算使用商务随行软件先下单，等出差回去后再去店铺提货
主任务	出差途中，使用安利商务随行进行下单
用户目标	希望该软件能够简单、快捷地进行下单

表 7 – 10　任务分析

任务	登录 APP	搜索产品	将产品加入购物车	取消下单
场景	李玉山在收到短信后，打开 APP，输入账号、密码。点击"在线登录"，进入网站首页	点击"在线购物"，进入产品列表，在搜索框输入"儿童草莓"，按"搜索"图标进行搜索，在搜索结果中选中"儿童草莓"，进入产品信息页面	点击"马上购买"，进入购买产品页面，选择"下单方式"为店铺自提，修改购买数量为 2，点击"确认购买"，系统提示库存不足，无法下单	李玉山放弃购买，退出程序
结果	成功登录	搜索成功，顺利进入所需产品详情页面	没有及时提供库存情况导致用户需要修改送货方式或索性放弃购买	—
关键点	登录速度过慢，影响效率	搜索框没有提示信息，提示可输入产品名称或产品编号	产品库存在购买之前没有提示	—
建议	—	—	在产品详情或者产品目录显示库存情况，可以及早提示客户	—
流程图				

```
┌──────┐     ┌────────┐     ┌────────┐
│ 首页 │────▶│在线购物│────▶│产品列表│
└──────┘     └────────┘     └────────┘
                               ▲
                               │
                          提示产品没有库存
```

续表 7 – 10

任务	登录 APP	搜索产品	将产品加入购物车	取消下单
修改方案	在用户触发添加到购物车操作时判断该产品的库存，库存充足的可以添加并修改数量，库存不足的将提示并无法加入购物车	原型		

角色三：张慧

角色三场景创建表 7 – 11，任务分析见表 7 – 12。

表 7 – 11　角色三：张慧

场景描述	某周末，张慧在家休息，由于家里存货不多，为了补充库存，打算购买"蛋白粉"5 瓶，"儿童钙镁片"2 件等。由于家里电脑坏了，张慧只好使用某直销企业商务随行软件进行下单
主任务	在家里使用某直销企业商务随行软件进行下单
用户目标	希望购买产品的过程可以简单一点

表 7 - 12　任务分析

任务	登录 APP	搜索产品	将产品加入购物车	再次购买	生成订单	完成支付
场景	张慧打算购物后，打开某直销企业商务随行软件，输入安利密码。点击"在线登录"，进入某直销企业首页	点击"在线购物"，进入产品列表，在搜索框输入"蛋白粉"，按"搜索"图标进行搜索，在搜索结果中选中"蛋白粉独立装"，进入产品信息页面	点击"马上购买"，进入购买产品页面，选择"下单方式"为家居送货，点击"确认购买"	点击"继续购买"，回到产品目录，找到"儿童钙镁片"，进入产品信息页面，点击"马上购买"，进入购买产品页面，选择"下单方式"为家居送货，点击"确认购买"	点击"查看购物车"，点击"家居送货"，再点击"编辑"，修改"蛋白粉"数量为 5 瓶，"儿童钙镁片"数量为 2 件，点击"完成"，再点击"生成订单"，最后点击"确认订单"	点击"收银台"，勾选订单，选择"银行自动转账"完成支付
结果	成功登录	搜索成功，顺利进入所需产品详情页面	无法直接加入购物车，影响购买多种物品的效率	—	—	—
关键点	登录速度过慢，影响效率	搜索框没有提示信息，提示可输入产品名称或产品编号	"确认购买"存在歧义，点击后没有进入订单页面，而是提示"物品已经成功加入购物车"	购买多种产品时步骤较为烦琐	过程过于烦琐	订单太多的情况下，不好勾选想要支付的订单。"银联支付"功能没有开通，阻碍了成功支付

续表 7 – 12

任务	登录 APP	搜索产品	将产品加入购物车	再次购买	生成订单	完成支付
建议	—	—	将"马上购买"和"确认购买"并为"加入购物车"	在产品列表中直接编辑数量	没有"确认订单",直接"生成订单",购物车页面,可以直接编辑产品数量,也可以直接删除	去掉"收银台",直接进入支付页面
流程图	首页 → 在线购物 → 产品列表 → 产品详情 → 购物车页面 → 订单页面 → 支付确认					
修改方案	产品信息页面直接显示修改数量,并显示购物车当前数量	购物车页面可以直接编辑数量或删除	原型			

角色四：蔡桐

角色四场景创建见表7-13，任务分析见表7-14。

表7-13 角色四：蔡桐

场景描述	某天，蔡桐和朋友（业务员）在某咖啡厅聊天，朋友提及自己的客户向自己下了500多元的订单，正愁不够家居送货的标准，蔡桐建议他俩一起拼单购买，由自己先支付。朋友答应了，蔡桐就拿出手机登录某某直销企业商务随行软件
主任务	在咖啡厅给自己和朋友下单
用户目标	希望可以通过商务随行软件，快捷地完成拼单操作

表7-14 任务分析

任务	登录 APP	搜索产品	将产品加入购物车	帮伙伴下单	添加客户	将产品加入购物车	生成订单	完成支付
	蔡桐打开APP，输入账户、密码。点击"在线登录"，进入某某直销企业商务随行软件首页	点击"在线购物"，进入产品列表，据分类找到"保湿面膜"，进到产品信息页面	点击"马上购买"，进入产品页面，选择购买数量，改成5件，选择"下单方式"，为家居送货，点击"确认购买"	点击"继续购买"，回到产品目录，找到"弹性紧致眼霜"，进入产品信息页面。点击"马上购买"，进入购买产品页面，选择购买数量，改成3件，进入"下单方式"，发现不能输入其他卡号	点击"我的助理"，点击"客户管理"，然后点击"添加客户"，填写客户资料（姓名、手机、卡号），点击"完成"	点击"在线购物"，进入产品目录，找到"弹性紧致眼霜"，进入产品信息页面，点击"马上购买"，进入购买产品页面，改成3件，选择购买方式，更改为伙伴的姓名，选择"家居送货"，然后点击"确认购买"	点击"查看购物车"，点击"家居送货"，再点击"生成订单"，最后点击"确认订单"	点击"收银台"，勾选订单，点击"支付"，全选后点击"支付"，完成支付

续表 7-14

任务	登录APP	搜索产品	将产品加入购物车	帮伙伴下单	添加客户	将产品加入购物车	生成订单	完成支付
结果	成功登录	顺利找到产品	—	程序没有提示是否能为其他安利卡号的业务员下单	—	—	—	订单太多的情况下，不好勾选想要支付的订单。"银联支付"功能没有开通，阻碍了成功支付
建议	登录速度过慢，影响效率	—	"确认购买"存在歧义，点击后没有进入订单页面，而是提示"物品已经成功加入购物车"	—	添加客户过程要回到"我的助理"页面，过程比较复杂	—	过程过于烦琐	
关键点					在购买过程中可以直接添加客户		根据不同用户生成多张订单	合并支付
流程图								

首页 → 在线购物 → 产品列表 → 产品详情 → 购物车页面 → 订单页面 → 支付确认

选择用户和送货方式

201

续表 7—14

任务	登录APP	搜索产品	将产品加入购物车	帮伙伴下单	添加客户	将产品加入购物车	生成订单	完成支付
修改方案								

修改方案：将修改购买客户的功能放在在线购物页面，用本机卡号的名字代替"自用"，在购买客户修改的位置添加其他新的用户；将"更多"选项添加在列表下方，增加查看更多信息的入口，方便用户查看不同用户生成的多个订单原型

角色五：韩菲

角色五场景创建见表 7 – 15，任务分析见表 7 – 16。

表 7 – 15　角色五：韩菲

场景描述	某天中午，韩菲正在某餐厅吃饭，她早上又成功向用户销售出了一瓶"多用途清洁剂"，为了让客户能早日拿到货品，她决定先用商务随行软件下单，晚上回家顺便去店铺提货
主任务	为了让客户能早日拿到货品，使用商务随行软件下单
用户目标	希望可以调整一下商务随行中购物车的位置，以改善经常会出现找不到购物车的情况

表 7 – 16　任务分析

任务	搜索产品	将产品加入购物车	再次购买	寻找购物车	生成订单	完成支付
场景	在搜索框输入"多用途清洁剂"，按"搜索"图标进行搜索，在搜索结果中选中"多用途清洁剂"，进入产品信息页面	点击"马上购买"，进入购买产品页面，选择"下单方式"为店铺自提，点击"确认购买"	韩菲突然想起昨天有个朋友托她买 1 瓶"绿茵空气清新"，于是她点击"继续购买"，回到产品目录，找到"绿茵空气清新"，进入产品信息页面，点击"马上购买"，进入购买产品页面，选择下单方式为店铺自提，点击"确认购买"，系统提示库存不足，无法下单	韩菲无奈，决定放弃购买，先把之前的商品结算。但是她回到首页，发现没有购物车模块，经过多次点击，终于在"订单管理"中找到"购物车"功能	点击"购物车"，点击"生成订单"，最后点击"确认订单"	点击"收银台"，勾选订单，选择"支付宝安全支付"完成支付
结果	搜索成功，顺利进入所需产品详情页面					

续表 7 – 16

任务	搜索产品	将产品加入购物车	再次购买	寻找购物车	生成订单	完成支付
建议	搜索框没有提示信息，提示可输入产品名称或产品编号	"确认购买"存在歧义，点击后没有进入订单页面，而是提示"物品已经成功加入购物车"		购物车位置设置不合理，对用户造成困惑		订单太多的情况下，不好勾选想要支付的订单。"银联支付"功能没有开通，阻碍了成功支付
关键点				将购物车功能合并入"在线购物"模块		
流程图	首页 → 在线购物 → 产品列表 → 购物车页面 → 订单页面 → 支付确认　　　　　选择用户和送货方式					
修改方案	将购物车按钮置于页面下方			原型		

7.2　某直销企业商务随行软件功能定位与任务分析

7.2.1　需求确认

通过对某直销企业商务随行软件的购物流程分析，我们总结出该软件的两大模块主要功能，并通过访谈调研确定了优化目标。以下是我们总结出的现有"某直销企业商务随行"软件的主模块，以及我们用标签法分析两个主模块的过程（图7-2、图7-3）。

图7-2　某直销企业商务随行软件两大功能模块

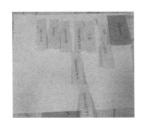  

图7-3　卡片分类实验

7.2.2 任务细化

针对前面总结出的两个模块，我们分别对两个模块能进行的任务进行了细化。细化结果如表7-17所示。

表7-17 任务细化

在线购物模块	订单管理模块
①进入"在线购物"，通过"我的最爱"，选择购买的产品	①在"订单管理"中，选择"购物车"
②进入"在线购物"，选择分类，然后选择购买的产品	②在"购物车"中，选择"家居送货"或者"店铺自提"
③进入"在线购物"，选择产品分类，进行"检库存"操作	③在"购物车"中，选择"编辑"，对产品进行编辑
④在"产品详情"页面，将产品进行"收藏"操作	④在"购物车"中，将产品生成一张订单
⑤在"产品详情"页面，将产品进行"取消收藏"操作	⑤选择将购物车的东西生成一张订单后，确认订单信息
⑥在"产品详情"页面，选择"马上购买"，然后选择好产品的数量和购买对象送货方式	⑥确认订单后，选择去"购物车"
	⑦确认订单后，选择去"收银台"
⑦确认购买后，选择"继续购物"	⑧在"订单管理"中，选择"收银台"
⑧在首页选择"二维码购物"，找到要购买的产品	⑨在"收银台"中，点击"订单A"，查看订单详情

续表 7 - 17

在线购物模块	订单管理模块
⑨确认购买后，选择"进入购物车"	⑩在"收银台"中，选择要付款的订单，勾选，选择支付方式，完成支付
	⑪在"订单管理"中，选择"历史订单"
	⑫在"历史订单"中，选择"未付款订单"
	⑬在"未付款订单"中，选中"订单A"，点击查看详情
	⑭在详情列表中，选择"重新下订"
	⑮在详情列表中，选择"返回"
	⑯在"历史订单"中，选择"付款中"
	⑰在"付款中"订单列表中，查看"订单A"的详情
	⑱在详情列表中，选择"返回"
	⑲在"历史订单"中，选择已付款订单
	⑳在"已付款"订单列表中，选择"订单A"，查看详情
	㉑在详情列表中，选择"重新下单"
	㉒在详情列表中，选择"返回"
	㉓在"历史订单"中，选择"已取消"订单
	㉔在"已取消"订单列表中，查看"订单A"的详情
	㉕在详情列表中，选择"重新下订"的功能
	㉖在详情列表中，选择"返回"

7.2.3   功能任务

根据上面的任务细化，我们分别定义了实验室测试和网络测试两个测试任务。具体的任务如表 7-18 所示。

表 7 – 18　测试任务

实验室测试任务	网络测试任务
任务一：打开商务随行软件，在"产品目录"里面找到"蛋白质粉770"，查看详情后，修改数量为2件，并"加入购物车"。	任务一：查看"热销产品""蛋白质粉770"，收藏并添加3件到"购物车"，再从"纽崔莱产品列表"中添加1件"茶族60粒"到购物车，地址为：广州市白云区同和大街12号，使用"支付宝"完成支付。
任务二：在"我的收藏"中查找"蛋白质粉770"，并"加入购物车"。	任务二：选择"家居送货"的方式，为用户"刘小华"进行"快速下单"操作：添加3件产品编号为20010的"蛋白质粉770"到购物车。在"购物车"中查看所得额促销产品，并删除"维生素C"，使用"支付宝"完成支付。
任务三：现在请您代替您的伙伴"麦颖梅"，在"产品目录"里购买"薄荷香蒜片"和"茶族60粒"各1件。	
任务四：请在"购物车"中确认"产品总价""产品总净营业额""我的产品总价""我的净营业额""伙伴的产品总价"以及"伙伴的净营业额"。	任务三：把"购物车"中的"蛋白质粉770"的数量更改为4件，开具"发票"，抬头为"××公司"，内容为"汇总开具发票，××产品"；使用编号为207 – 00000276的电子券，使用"支付宝"完成支付。
任务五：请在"购物车"中找到"自用订单"，将"蛋白质粉770"的数量改为4，在"黄瑜冰"的订单下，删除"维生素C片"。	任务四：请删除"王二小"的"订单草稿"，并修改"刘小华"的订单草稿中用户为"王二小"，更改蛋白粉的数量为4件，"保存草稿"。
任务六：现在请您选择"店铺自提"的送货方式，确认配送地址，并将所有产品暂存成一张订单。	任务五：将"刘小华"的"订单草稿"中的产品放入"购物车"，并将订单编号为"2073666"的"已付款"订单中的产品放入"购物车"，生成订单后"暂不支付"，"合并支付"所有未付款订单。
任务七：现在请您选择"家居送货"，并将配送地址改为"广州市中信大楼"。	任务六：删除订单编号为"2073666"的"已付款"订单；在"已付款"订单列表中找到订单编号为"2073662"的订单，并使用"支付宝"支付方式再次支付。
任务八：请您支付修改后的订单，选择"支付宝"支付方式。	
任务九：请您进入"未付款"订单列表，查看订单2073673的详情，并完成支付。	任务七：（补充任务）选择"家居送货"的方式，去"纽崔莱"为"自己"购买3件"蛋白质粉770"和1件"茶族60粒"；为"刘小华"购买1件"蛋白质粉770"和1件"茶族60粒"；并将"家居送货"地址修改为"广州市越秀区阳光花园118栋"；使用"支付宝"支付"自己"和"刘小华"购物车中的所有产品
任务十：请您进入"已付款"订单列表，查看订单2073666的详情，并"再次下单"	

7.3　某直销企业商务随行软件客户端可用性测试及评估

7.3.1　可用性测试目标及流程

1. 可用性测试目标

我们进行可用性测试是为了探讨用户与某直销企业商务随行软件在交互测试过程中的相互影响，从而对现有的角色场景和原型进行修改和完善。通过多次测试，发现用户在使用过程中的需求，从而提出修改意见，最终帮助优化商务随行软件。

2. 可用性测试流程

在这次项目中，我们分别进行了6次可用性测试，从每次的测试结果中收集到多样的数据，从而不断优化我们的角色场景和原型。具体详情如表7-19所示。

表 7-19　可用性测试流程

阶段	特征	目的	结果
客户访谈 （2012-07-06）	访谈对象是对用户比较了解的公司业务员，但并不是真正的用户	通过某直销企业的工作人员，了解安利公司的基本运营模式以及验证初步的角色和场景的假设是否合理	了解了某直销企业及其业务员的一些基本情况，将工作人员反馈的信息整理并分析，根据结果修改和丰富原有的角色和场景

续表 7 – 19

阶段	特征	目的	结果
用户电话访谈（2012 – 07 – 11）	对象是真正的用户，但由于不是面对面的访谈，会出现陈述问题不清晰或得不到满意答案的结果	通过与某直销企业的业务员的直接接触，了解他们平时购买产品的习惯，以优化现有的角色和场景；另外了解真实用户对于安利商务随行软件的期望，了解优化的方向	了解了公司业务员平时购买产品的习惯，以及他们对于现在的商务随行软件的期望，从而去检验和优化我们原先的角色和场景，并对原型的修改提供了重要的信息
深度访谈（2012 – 07 – 19）	对象是真正的用户，且进行面对面的访谈，可以观察用户的表情变化，但还是无法避免问题陈述不清楚而得不到满意答案的现象	向用户提出与角色场景和原型相关的问题，从用户的回答中获取用户平时的基本习惯和对初步原型的意见，从而进行最后一次角色和场景的优化，并对现有的原型进行进一步的优化	通过用户对访谈问题的回答，抽取出对于角色场景修改的有效信息，并对原来的角色场景进行了最后一步的修改；另外抽取出用户对于现有原型的反馈，最终对原型进行进一步的优化
手机纸质原型测试（2012 – 07 – 19）	对象是真正的用户，且接触到原型，但纸质原型毕竟与真正的软件有所出入，因此得到的最终数据需要考虑到其他因素	通过基本的纸质原型，让商务随行软件的使用者按照一定的任务去完成，在完成的过程中发现问题，并优化现有的原型	通过对用户完成任务的时间以及在这个过程中遇到的困难的分析，提出相应的原因和解决方案，最终用于进一步地修改原型

续表 7 – 19

阶段	特征	目的	结果
眼动仪测试（2012 – 07 – 19）	对象是真正的用户，也可以获得基本的数据，但是无法保证用户在执行任务时的视线范围在电脑屏幕内，且最后数据的导出和整理也比较麻烦	通过网页版的原型进行眼动仪的测试，获取用户在不同页面完成不同任务时的热点图、轨迹图等，最终为软件页面的布局提供数据	对用户完成不同任务在不同页面的热点图和轨迹图进行抽取，分析用户的热点区域，以及用户在完成任务时的心理倾向，从而进一步优化原型
网络测试（2012 – 08 – 08—2012 – 08 – 17）（第一轮，6 个任务，第二轮，补充 1 个任务）	对象是真正的用户，用户通过网络平台完成任务。由于不是面对面的测试，无法保证用户认真地完成了全部的任务，但是网络测试的数据较大，比较客观	通过软件原型的网页版，让测试用户按照指定的任务完成测试，在测试过程中发现原型逻辑和页面布局的问题，然后对原型进行进一步的优化	抽取出用户在完成测试任务时走的路径，比较用户的路径与我们的预期路径是否一致；分析用户放弃任务的页面，根据得到的数据，分析原型存在的问题，从而进行进一步的优化

7.3.2　深度访谈

为进一步验证我们在第二轮用户访谈中得到的数据，以及对原型修改提出意见，在做了第一次原型修改后，我们进行了第三轮用户访谈，即深度访谈。有不同层次的用户群体（普通用户、专家级用户、中间层用户）参与了此次访谈。他们是设计的主要关注点，是亲自使用商务随行软件购物的人。通过与他们的深入访谈，我们了解的信息包括：用户主要的购买方式、支付方式，对某些功能的理解与使用，现有软件的使用问题与困难等，具体的不同用户访谈的侧重点有所不同。

访谈对象

对象：某直销企业广州分公司营销人员

人数：6

访谈结果分析

深度访谈问题整理与分析见表7-20。除了问题⑥，其他问题均由6人作答。

表7-20 深度访谈问题整理与分析

问题	结果及相应比例	结论及相关建议
①请问您使用过某直销企业商务随行软件吗？您主要用它来做些什么呢？（有没有购物的经历）您周围使用的人多吗？他们一般用来干什么呢？您一般在什么情况下会使用某直销企业商务随行软件来购物	计划或现在已经有智能机的情况：6/6。用过APP的与没有用过APP的比例：5/6。用APP查业绩：3/6；看公告：1/6；浏览产品信息：3/6；向顾客介绍：1/6；周围人使用APP与情况：少5/6；多1/6。周围人用来查业绩：3/6；看产品：1/6；基本都说很少购物	访谈用户为目标用户，在线购物功能吸引力有待提高
②是否使用过易联网下单，为何选择用易联网	用过易联网购物的比例：6/6。使用原因：偏远地方送货更快捷：1/6；家居送货方便月尾赶业绩方便：1/6；送货方便：1/6；物品太重时送货方便；2000块门槛很低：1/6（共4个人提到送货方式）	便利性与地理因素决定用户的购买方式
③在客户没有向你下订的情况下，会不会自己先买好一些产品以便随时提供货品呢？一般是根据以往顾客的购买情况，还是产品热销程度或其他呢	会提前存货的比例：6/6。理由：存够2000一起买：1/6；客户需要：5/6	用户一般会根据需求不定时补充储备产品

续表7-20

问题	结果及相应比例	结论及相关建议
④下单次数多不多？每个月什么时候下单多？一般每单中有多少样货物？购买产品时你最关心什么（总价，净营业额，积分）	下单频率：不固定：4/6；每月2～3：1/6；不超过5次：1/6。 单笔订单货物数量（1人提及）：2～3箱，单笔订单金额（2人提及）；2000～4000元/单：1/6，最多时2万元：1/6。 关心的采购因素：不关心：1/6；销售指数-业绩比例：2/6。 是否满足客户需求：1/6；净营业额：2/6；总价：2/6	用户下单量大，且较为关心产品销售指数
⑤一般下单购买的产品是否有规律性？重复购买一类产品的情况多吗	会重新下单的比例：6/6。 会重新下单的理由：商品受欢迎6/6	优化时应添加并完善"重新下单"功能
⑥您在使用商务随行软件购物的时候，有没有遇到过在最后下单的时候发现没库存的情况呢？这种时候多吗？您遇到这种情况一般是怎么解决的？在下单时，有没有习惯使用商务随行"检库存"按钮，查一下库存再下单	共5人回答：4/5；没有遇到：1/5。 遇到无库存的情况	库存是用户购物中的重要关注点，优化时应完善检库存功能
⑦您在下单之前会不会事先确认下单方式？（下单方式：家居送货和店铺自提）"店铺自提"的付款方式是怎样的呢？生成订单后必须网上支付还是到店铺付也可以？一般选择"店铺自提"还是"家居送货"？"家居送货"时一般倾向于送到自己家、工作室、伙伴家还是客户家？一般的优先次序是怎样的	下单方式是"家居送货"的比例：自己家里：4/6；办公室：3/6；1名受访者提到两种情况都有，但是送到家里的情况比较多	多数用户采用"家居送货"的配送方式，优化时应将"家居送货"作为首要配送方式

续表 7 - 20

问题	结果及相应比例	结论及相关建议
⑧您有没有帮您的伙伴下过单呢？这种情况多吗，大概一个月多少次？一般在什么情况帮伙伴下单？（用什么方式帮助别人下单呢？易联网？有用过商务随行软件帮别人下单吗？）	有帮别人下单的经历：6/6；很少会帮人下单占2/6。 帮人下单的频率（2个回答）：1个帮别人下过几次单，1个帮人下过很多次单。 帮人下单方式：易联网：2/6；店铺：1/6	用户为伙伴下单行为较普遍，优化时应注意该功能的强化
⑨您是否使用过易联网的"合并订单"功能呢？（您一般的操作流程是怎样的呢？您有试着使用商务随行软件完成这项操作吗？）订单是怎么合并的？如何付款呢？合并订单是伙伴的产品生成一个订单，你自己的生成一个订单，然后一个人支付吗	如何理解帮人下单： 家近的几人购买一起付款，送到一人地址：1/6； 多选订单一次性支付自己＋伙伴：1/6； 认为"追加"操作有必要：1/6； 合并支付：1/6； 没有留意：1/6	用户对"帮人下单"概念不甚清晰，优化时可以操作代替按钮功能
⑩您是如何理解"历史订单"中"付款中"这项功能的呢？您觉得"未付款"和"付款中"这两个状态有什么区别	付款中的概念：不理解：2/6；是否付款成功：1/6；对"未付款"和"付款中"功能不关注，不担心扣款失败：1/6	用户对"付款中"功能认知度低，建议舍弃或优化
⑪会经常使用"二维码购物"吗？您觉得方便吗	不使用二维码的比例：5/6；了解过二维码的工作过程：1/6	—
⑫你更倾向于用哪种方式支付？（到店铺直接支付、支付宝、银行自动转账）	支付方式：支付宝：4/6；信用卡：2/6。1名用户选择支付宝支付方式从未使用过其他两种支付方式	多数用户使用"支付宝"支付方式，建议将"支付宝"作为首要支付方式

续表 7 - 20

问题	结果及相应比例	结论及相关建议
⑬据我们了解，你们的一个某直销企业账号会对应一个家居送货地址。那么你有遇到过需要更改地址的情况吗？一般怎么更改的呢？该软件有没有必要添加一个修改地址的功能？	不需要更改地址：2/6；很少需要更改：2/6；为没办卡的客户送货时有需要：1/6	用户有更改地址的需求但较少使用

针对这些访谈结果，我们对原型做了进一步优化。

7.3.3　用户可用性测试——纸质原型测试

为了对某直销企业商务随行软件初步优化原型进行进一步改进，我们进行了用户的可用性测试。有不同层次的测试用户群体参与了以纸质原型为依托的可用性测试。他们是设计的主要关注点，是亲自使用某直销企业商务随行软件购物的人。观察他们的行为，完成软件在线购物的典型任务时，我们了解的信息包括：某直销企业商务随行软件如何适应用户购买的情境、用户自身对行业的熟悉程度、用户对应的知识领域、用户对某些功能的理解与使用、当前原型的使用问题与挫折，具体的不同用户访谈的侧重点有所不同。

测试概述

测试对象：商务随行软件初步纸质原型。

测试目标：结合用户需求，测试该软件的可用性。

测试时间：2012 年 7 月 19 日 11：00—12：45，14：30—15：30。

测试地点：中山大学东校区南实验楼 D302。

被测试对象：营销人员。

被测人数：7。

测试所用手机版原型系统及流程图

在测试阶段，我们用 Axure 软件做出一套原型，并打包为可在手机端操作的 APP 原型系统，图 7 - 4、图 7 - 5 原型系统的部分界面和纸质原型测试过程照片。

图 7 - 4　手机原型测试

图 7 - 5　纸质原型测试

在测试阶段，除上述原型系统外，我们用 Visio 软件做出与原型对应的流程图，图 7 - 6、图 7 - 7 是部分截图。

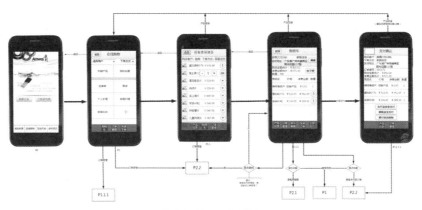

图 7-6　流程图 1

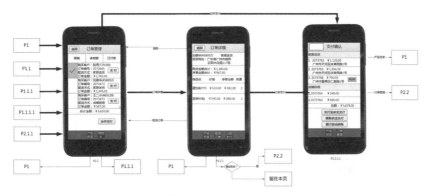

图 7-7　流程图 2

测试任务设置

设计测试任务是可用性测试前期计划的核心，我们根据在原型优化过程关注的主要功能点设置了 10 个任务供用户测试时使用。

任务一：在"产品目录"里查找产品并下单。

任务描述：请打开商务随行软件，在"产品目录"里面找到"蛋白质粉770"，查看详情后，修改数量为 2 件，并加入购物车。

任务开始状态：打开商务随行软件。

任务结束状态：维持在产品详情页面。

任务二：在"我的收藏"里查找产品并下单。

任务描述：请在我的收藏中查找"蛋白质粉770"，并加入购物车。

任务开始状态：在"产品详情"页面。

任务结束状态：在"我的收藏"页面。

任务三：代他人下单。

任务描述：现在请您代替您的伙伴"麦颖梅"，在"产品目录"里购买"薄荷香蒜片"和"茶族60粒"各1件。

任务开始状态：在"我的收藏"页面。

任务结束状态：在"产品列表"页面。

任务四：查看购物车详情。

任务描述：请在"购物车"页面中确认产品总价、产品总净营业额、我的产品总价、我的净营业额、伙伴的产品总价以及伙伴的净营业额。

任务开始状态：在"产品列表"页面。

任务结束状态：在"购物车"页面。

任务五：编辑购物车。

任务描述：请在购物车中，找到"自用订单"，将"蛋白质粉770"的数量改为4，在"黄瑜冰"的订单下，删除"维生素C片"。

任务开始状态：在"购物车"页面。

任务结束状态：在"购物车"页面。

任务六：暂存成订单。

任务描述：现在请您选择"店铺自提"的送货方式，确认配送地址，并将所有产品暂存成一张订单。

任务开始状态：在"购物车"页面。

任务结束状态：在"购物车"页面。

任务七：编辑配送地址。

任务描述：现在请您选择"家居送货"，并将配送地址改为"广州市中信大楼"。

任务开始状态：在"购物车"页面。

任务结束状态：在"购物车"页面。

任务八：完成支付操作。

任务描述：请您支付修改后的订单，选择"支付宝"支付方式。

任务开始状态：在"购物车"页面。

任务结束状态：在"购物车"页面。

任务九：支付未付款订单。

任务描述：请您进入"未付款订单"列表，查看订单"2073673"的详情，并完成支付。

任务开始状态：在"购物车"页面。

任务结束状态：在"订单详情"页面。

任务十：重新下订单。

任务描述：请您进入"已付款订单列表"，查看订单"2073666"的详情，并"再次下单"。

任务开始状态：在"订单详情"页面。

任务结束状态：在"购物车"页面。

测试数据分析

统计每个用户完成各个手机测试任务的时间，记录形式如表7-21。

表7-21　用户完成测试任务的时间

用户	任务一：在"产品目录"里查找产品并下单	任务二：代他人下单	任务三：在"我的收藏"里查找产品并下单	任务四：查看"购物车详情"	任务五：编辑购物车	任务六：编辑配送地址	任务七：完成支付操作	任务八：暂存成订单	任务九：重新下订	任务十：支付未付款订单	共花费时间
用户1	1分38秒	1分45秒	55秒	45秒	3分34秒	36秒	20秒	20秒	3分20秒	2分15秒	15分23秒
用户2	2分40秒	2分56秒	1分20秒	1分30秒	3分20秒	33秒	34秒	7分18秒	1分10秒	1分	21分56秒

续表 7-21

用户	任务一：在"产品目录"里查找产品并下单	任务二：代他人下单	任务三：在"我的收藏"里查找产品并下单	任务四：查看"购物车详情"	任务五：编辑购物车	任务六：编辑配送地址	任务七：完成支付操作	任务八：暂存成订单	任务九：重新下订	任务十：支付未付款订单	共花费时间
用户3	1分34秒	1分51秒	2分15秒	1分13秒	2分47秒	24秒	14秒	1分37秒	4分35秒	4分25秒	20分55秒
用户4	45秒	1分35秒	1分25秒	3分25秒	3分52秒	1分13秒	20秒	57秒	1分20秒	1分38秒	15分30秒
用户5	1分4秒	3分22秒	2分33秒	1分19秒	5分38秒	4分14秒	52秒	4分19秒	3分3秒	3分	30分24秒
用户6	48秒	3分57秒	29秒	51秒	1分54秒	25秒	3分19秒	31秒	35秒	3分25秒	16分14秒
用户7	1分43秒	1分56秒	2分6秒	1分5秒	3分	1分46秒	3分24秒	5分52秒	4分58秒	2分34秒	28分24秒

手机测试任务时间统计条图见图7-8。

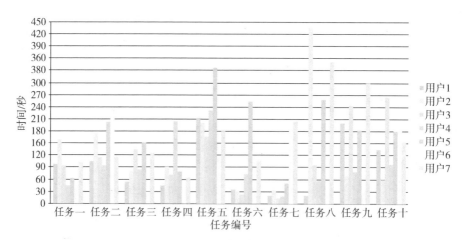

图 7-8　手机测试任务时间统计条图

7.3.4　用户可用性测试——眼动仪测试

测试过程

用户在主持人的引导下完成要求的 10 个任务，在完成 10 个任务的过程中，用户眼睛的数据都会被眼动仪记录下来；最后，用户需要回答主持人的几个问题，作为前两次访谈的信息补充。

测试使用的设备：眼动仪型号 Tobii X60，Win7 操作系统，IE 浏览器，Tobii Studio（图 7-9）。

图 7-9　眼动仪测试

测试目的

我们通过对用户在完成 10 个任务过程中视觉信息的捕捉，分析用户在完成不同任务时在不同页面的视觉信息，以验证我们的原型设计流程是否合理。通过对用户在不同页面的视觉轨迹进行分析，从中发现各个页面中存在不合理或者待改进的地方，最终提出对测试原型相应的修改方案，以进一步优化安利商务随行 "在线购物" 和 "订单管理" 两个模块的布局和流程（表 7-22）。

测试任务及结论

测试任务及结论见表 7-22。

表 7 - 22　测试任务及结论

任务列表	所属模块	结论及修改意义
任务一：请打开某直销企业商务随行软件，在"产品目录"里面找到"蛋白质粉 770"，查看详情后，修改数量为 2 件，并加入"购物车"	在线购物	将"加入购物车"按钮置于产品名称前或者下面。 将"我的收藏"放于在线购物模块中，并处于较次要的位置。 将"我的收藏"中"加入购物车"的图标隐喻做得再明显些。 将修改购买客户的功能放在在线购物页面。 重新考虑产品信息的呈现方式，用较少的字数明晰呈现重要数据。 去掉子订单部分，减少信息混淆。 在页面设置中尽量避免下拉菜单的出现。 点击"产品条目"，在其下方弹出一栏，可以直接编辑数量或删除。 电子券与支付相关，放在"购物车"页面容易引起歧义，应该放在支付页面。 更改"修改配送地址"的位置，用户有这个需要，但是修改的情况不多，所以可以适当地隐藏修改地址的功能。 虽然弹出框的支付方式不错，但是希望更加简洁，如使用 Icon 来代替 3 种方式。 将修改配送方式的功能明显地展示出来，放在购物流程的一级页面。 把"暂存"想要表达的意思清晰化，使用"订单草稿"的功能模块更好地实现类似功能。
任务二：请在我的收藏中查找"蛋白质粉 770"，并加入"购物车"		
任务三：现在请您代替您的伙伴麦颖梅，在"产品目录"里购买"薄荷香蒜片"和"茶族 60 粒"各 1 件		
任务四：请在"购物车"页面中确认产品总价、产品总净营业额、我的产品总价、我的净营业额、伙伴的产品总价以及伙伴的净营业额		
任务五：请在"购物车"中找到自用订单，将"蛋白质粉 770"的数量改为 4，在"麦颖梅"的订单下，删除"维生素 C 片"		
任务六：现在请您选择"家居送货"，并将配送地址改为"广州市中信大楼"		
任务七：请您支付修改后的订单，选择"支付宝"支付方式		
任务八：现在请您选择"店铺自提"的送货方式，确认配送地址，并将所有产品暂存成一张订单		
任务九：请您进入未付款订单列表，查看订单 2073673 的详情，并完成支付	订单管理	将"未付款"订单页面的"支付"按钮放在下方。 再次下单可以更改数量和产品的提示信息应更清晰
任务十：请您进入已付款订单列表，查看订单 2073666 的详情，并再次下单		

眼动仪数据分析

通过对任务所经过的页面进行分析，其中包括轨迹图和热点图，来获得用户的关注点和视觉暂留数据，再对应相应的任务进行分析，从中找出原型需要修改的地方，给出相应修改意见和方案。

以下是任务一和任务五的眼动仪数据分析（表7-23）。

表7-23 眼动仪数据分析

任务一	
任务描述：请打开商务随行软件，在"产品目录"里面找到"蛋白质粉770"，查看详情后，修改数量为2件，并加入购物车	
最优路径：软件首页→在线购物页面→纽崔莱产品列表页面→产品详情页面。实际操作情况：最优路径完成人数7人	
主要测试图	基本数据分析/对原型的更改意见
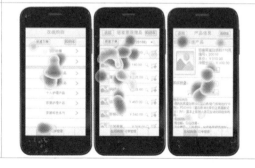 轨迹图	• 该任务基本完成顺利，都通过最优路径完成任务，平均完成时间18秒。 • 期望被关注的点都被关注到。 • 用户意见：误以为点进购物车图标后，是进入产品详情页面，对按钮理解有误；用户常常会购买多件产品，而不是1件产品，产品的数量为1的情况比较少见
热点图	重点关注了购物车按钮和修改数量的地方，期望被关注的点都被关注到，相同界面的关注点大致相同

续表 7 - 23

修改意见：将"加入购物车"按钮置于产品名称前或者下面，提高关注度。用户常常会购买多件一种产品，因此购物车点一次加一件的操作不太实际，没有存在的必要，但是购买一件产品时，这个功能是不错的

任务五

任务描述：请在"购物车"中，找到自用订单，将"蛋白质粉770"的数量改为 4，在"麦颖梅"的订单下，删除"维生素 C 片"

最优路径：订单管理—购物车—自助下单—修改订单。
将"编辑"按钮更改为"修改"按钮，点击"修改"按钮对应的产品条目可以直接编辑

主要测试图	基本数据分析/对原型的更改意见
轨迹图	<ul><li>该任务只 3 个通过最优路径完成，3 个用户先进入订单管理，原因可能是任务描述的问题导致用户理解错误，该任务平均用时 1 分 26 秒。</li><li>用户没有意识到可以点击这里下拉查看详情，所以开始对下拉显示的关注度不高，几个用户经提醒才找到。</li><li>用户意见：希望可以在点击某产品的那一行后，弹出一个窗口，供用户选择修改产品的数量或者删除产品。</li><li>将"完成"按键去掉，点击"返回"按键时，自动回到修改前的页面，保存修改记录。</li><li>将"编辑"改为"修改"，点击产品条目可以直接编辑</li></ul>

续表 7 − 23

主要测试图	基本数据分析/对原型的更改意见
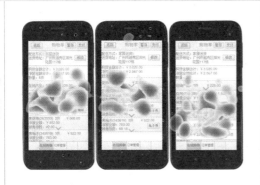 热点图	总体视觉关注点在期望的位置，但因为用户对电子券按钮的意义不理解，且详细订单中只有该按钮，下拉提醒不明显，因此对电子券的关注度有些高

修改意见：

在页面设置中尽量避免下拉菜单的出现。

点击"产品条目"，在其下方弹出一栏，可以直接编辑数量和删除（弹出方式应与产品列表弹出方式统一，便于记忆理解）。

电子券与支付相关，放在购物车页面容易引起歧义，应该放在支付页面

7.3.5　用户可用性测试——远程测试

目前比较常见的测试还是在可用性实验室进行的可用性测试。实验室测试比较麻烦的是招募被试人员，且不符合用户的真实环境。相对而言，远程测试能够允许用户在自己的环境中完成测试任务，环境更真实，而且可以在网络上获得大数据量用户，通过计算机手段进行数据统计、分析和可视化呈现。

另外，远程测试还具有以下几个优点：

（1）方便，无需布置场地。

（2）招募参与者更容易。

（3）无需往返，省时。

（4）更容易安排时间。

（5）与现场测试效果几乎相同，相当于提供现场测试80%的好处和70%的效果。

但是，进行远程测试时，时长控制在15～30分钟，3～5个任务；如果测试比较敏感，要注意保密性，安全性可能会受到损害；确保系统达到最低要求，包括测试的对象和屏幕共享设备等；确保参与者可以下载/访问屏幕共享软件或在线远程可用性供应商服务；等等。

第一步，测试准备。

测试的时间：2012年8月×日—8月×日。

测试网址：http：//www. * * * * * */index. html。

测试工具：Google Analytics。

总的访问量：6个任务，共访问243 470次。

有效用户数字：完成6个任务，有效用户为5 559次。

测试过程中，最后还增加了对任务七进行补充。第七个任务的访问量是71 062次，有效数字是3 403次。

本次网络测试是在手机原型的网页版的基础上，请测试用户按照给定的任务，走完测试流程。通过观察测试用户在测试过程中的流程走向，分析页面的逻辑跳转和页面布局，最终对软件流程及页面布局进行进一步的优化。

第二步，制作测试原型系统。

远程测试是使用HTML前端语言开发的网页版原型系统，增加了任务执行标注和相关页面提示。部分页面截图如图7 - 10。

在网络测试阶段，我们用html + css + javascript开发了一套网络测试系统，并做出了原型界面效果图，以下效果图仅限于在测试阶段为方便客户参与项目探讨，增加测试效果，并非最终的"客户端界面。图7 - 11、图7 - 12是部分效果图以及该阶段的原型流程图。

图 7-10 界面和任务

图 7-11 原型界面

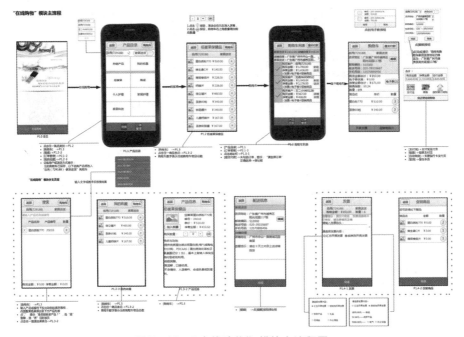

图 7－12 "在线购物"模块主流程图

第三步，设计测试任务。

共设计了 7 个任务，任务的描述如表 7－24。

表 7－24 网络测试任务

任务一

查看"热销产品""蛋白质粉 770"，收藏并添加 3 件到"购物车"，再从"纽崔莱产品列表"中添加 1 件"茶族 60 粒"到购物车，地址为：广州市白云区同和大街 12 号，使用"支付宝"完成支付。

任务二

"家居送货"的方式，为用户"刘小华"进行"快速下单"操作：添加 3 件产品编号为"20010"的"蛋白质粉 770"到购物车。在"购物车"中查看所得额促销产品，并删除"维生素 C"，使用"支付宝"完成支付。

续表7-24

> **任务三**
> 把"购物车"中的"蛋白质粉770"的数量更改为4件，开具"发票"，抬头为"××公司"，内容为"汇总开具发票，××产品"；使用编号为"207-00000276"的电子券，使用"支付宝"完成支付。
>
> **任务四**
> 请删除"王二小"的"订单草稿"，并修改"刘小华"的订单草稿用户为"王二小"，更改蛋白粉的数量为4件，"保存草稿"。
>
> **任务五**
> 将"刘小华"的"订单草稿"中的产品放入"购物车"，并将订单编号为"2073666"的"已付款"订单中的产品放入"购物车"，生成订单后"暂不支付"，"合并支付"所有未付款订单。
>
> **任务六**
> 删除订单编号为"2073666"的"已付款"订单；在"已付款"订单列表中找到订单编号为"2073662"的订单，并使用"支付宝"支付方式再次支付。
>
> **补充任务七**（经过测试，做了局部的功能的修改）
> 选择"家居送货"的方式，去"纽崔莱"为"自己"购买3件"蛋白质粉770"和1件"茶族60粒"；为"刘小华"购买1件"蛋白质粉770"和1件"茶族60粒"；并将"家居送货"地址修改为"广州市越秀区阳光花园118栋"；使用"支付宝"支付"自己"和"刘小华"购物车中的所有产品

第四步，数据分析。

以下分析以任务一为例。

任务一：

查看"热销产品""产品A 770"，收藏并添加3件到"购物车"，再从"产品列表"中添加1件"产品B 60粒"到购物车，送货地址为：广州市××区一号大街12号，使用"支付宝"完成支付。

根据前期的访谈调研、用户测试和眼动仪测试，我们针对任务一的问题进行了举例分析，如图7-13的产品列表页面分析图。

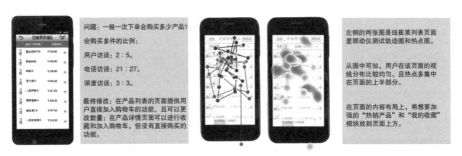

图 7 –13　产品列表页面分析图

经过访谈结果分析，在产品列表页面提供用户直接加入购物车的功能，且可以修改数量；在产品详情页面可以进行收藏和加入购物车，但没有直接购买的功能。眼动仪测试表明用户在该页面的热点多集中在页面的上半部分。因此，在页面的内容布局上，将想要加强的"热销产品"和"我的收藏"模块放在页面的上方。

结合"在线购物"模块的主流程，任务一的流程如图7 –14 所示。

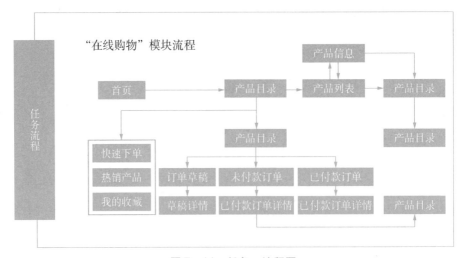

图 7 –14　任务一流程图

在网络测试结束阶段，我们通过 Google Analytics 追踪所得数据进行分析，并用 Corel Draw 分别画出各个任务的访问者流（图 7 – 15）。

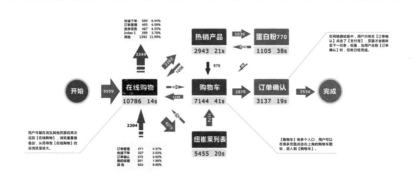

图 7 –15　任务一访问者流

通过访问者流，可以看到一开始有 5 559 人次从首页进入"在线购物"的产品目录页，因为用户可能在浏览其他页面后在此返回"在线购物"，浏览量重复叠加，从而导致该页面的总浏览量较大。其中，4 279 人次进入纽崔莱列表和 2 262 人次进入热销产品，也就是说大部分人流按照预期设计的任务流程进入了产品列表页面。接着，人流集中在购物车页面，达到 7 144 人次，因为"购物车"有多个入口，用户在很多页面上都可以点击右上角的购物车图标进入。最后有 2 875 人次走到"订单确认"页面，2 563 人次点击"支付宝"完成任务。

总的来说，一半以上的人是按照设想的流程完成了任务，这也表明"在线购物"模块主流程和任务流程的设计在一定程度上可以说是成功的。

同时我们截取了在 Google Analytics 上所截得部分数据图（图 7 – 16），其中包括各个任务的放弃页面浏览量和各个页面的退出百分比（图 7 – 17）。

网页		浏览里 ↓
☐	1. /PDATEST/task2/task1-fail.html	9,370
☐	2. /PDATEST/task3/task2-fail.html	7,632
☐	3. /PDATEST/task4/task3-fail.html	6,931
☐	4. /PDATEST/task5/task4-fail.html	6,816
☐	5. /PDATEST/task6/task5-fail.html	6,674
☐	6. /PDATEST/task6-fail.html	6,077

图 7 – 16　各个任务放弃页面浏览量

上一页路径	浏览量	浏览量百分比
/PDATEST/task1/index1.html	7,200	77.50%
/PDATEST/task1/ZaiXianGouWu1.html	467	5.03%
/PDATEST/task1/GouWuChe1.html	328	3.53%
/PDATEST/task3/task2-fail.html	179	1.93%
/PDATEST/task1/niucuilai-list1.html	161	1.73%
/PDATEST/task1/KuaiSuXiaDan1.html	122	1.31%
/PDATEST/task1/DingDanGuanLi1.html	97	1.04%
/PDATEST/task1/product/danbaizhifen770-1.html	90	0.97%
/PDATEST/task1/rexiaochanpin-list1.html	90	0.97%
/PDATEST/task1/DingDanQueRen1.html	83	0.89%
/PDATEST/task1/product/danbaizhifen770.html	64	0.69%

图 7 – 17　任务—放弃数据量统计

　　通过查看各个放弃页面的浏览量，估算出放弃各个任务的大概人数，作为体现用户困难的重要参考数据，为后续流程优化设计方案的调整提供依据和方向。

Task1 – fail 的页面浏览量共有 9 370 次，除去一些刚进入就选择放弃的浏览量（7 200 次），还剩下 2 170 次的有效放弃浏览量。分析这 2 170 次放弃浏览量的来源，得到表 7 – 25（只统计百分比在 3% 以上的数据）。

表 7 –25 有效放弃浏览量来源分析

来源网页	浏览量/次	百分比/%（共2170次）	放弃原因分析
在线购物	467	21.5	①用户不想继续进行测试。②用户无法完成任务，最后回到"在线购物"
购物车	328	15.1	①用户找不到支付订单的入口而放弃任务。②用户找不到修改而放弃
任务二放弃页面	179	8.2	用户误操作"放弃任务"后返回
纽崔莱列表	161	7.4	①用户不想继续进行测试。②用户无法完成任务后，随意点击，在该页面放弃
产品 A 详情	154	7.0	
快速下单	122	5.6	
订单管理	97	4.5	
热销产品列表	83	4.1	
订单确认	64	3.8	①用户不知道要点击"支付宝"按钮。②用户不敢点击"支付宝"按钮，担心会真的扣钱

由表可知，退出量较大的页面是"在线购物"和购物车页面，用户退出的原因可能是个人主观因素导致的，也可能是用户无法理解任务而放弃，这说明该页面的设置可能存在一些问题，需要进一步优化。

7.3.6 设计调查分析

在整个项目中，我们共经历了 6 个阶段，分别是：面对面访谈、电话访谈、深度访谈、手机纸质原型测试、眼动仪测试以及网络测试。"7.3.5　用户可用性测试——远程测试"已经详细介绍了原型仿真系统网络测试，下面总结这部分的测试结果。每一个访谈和测试都对我们的角色场景和原型的修改有重要意义。下面是对所有访谈和测试的结果的分析（表7－26）。

表7－26　访谈及测试结果分析汇总

阶段	结 果 分 析
面对面访谈（2012年7月6日）	1. 业务级别信息 SR 直销员（没有太多人际关系，需要主动拉客户）；AA 经销商 PAA 准经销商（有经营场所，经营场所位置有要求）GP DD 高级营销主任（每年度会考核 1 次身份，6 个月达到要求，高级别业务员服务伙伴多，会到外地出差的可能）；晋级顺序目前已取消，公司无团队概念。 2. 计算机与 Web 使用情况 业务员电脑使用水平不高，他们利用 Web 端查询业绩会比购物普遍，Web 端的下单量较多，但是网上支付的复杂以及对安全性的担忧还是会阻碍用户进行网上购买。 3. 智能手机与 APP 使用情况 70% 业务员包括年龄较大的有使用智能手机，也有一定的网购经验。高级别的但年龄较大的会根据自己的业务要求学习使用智能手机。在 APP 使用初期，只有高级营销主任可以使用（装载 APP 的多普达手机），后来才可以支持其他手机。 4. 业务流程方面 购买方式：3 种，店铺购买、易联网、APP。 支付方式：店铺：刷卡、现金、电子券、无赊账、无预付；Web 端：支付宝、银联、银行自动转账（与 APP 相似）。 提货方式：店铺自提和家居送货。 5. 对原型的修改意见 希望可以有"再次支付"的按钮，选择再次下订单后，可以直接跳转到订单页面，然后再进行支付。 希望提供用户快速挑选产品、快速下单的功能，模糊搜索，有一段灰色文字，就像"请输入关键词或产品编号"。 希望简化注册使用 APP 的过程。 希望给用户提供可以在 APP 上修改配送地址的功能。 使用对象可能会出现帮别人付款的现象，希望 APP 可以提供选择多项订单同时付款的功能，订单的对象可能不是同一人。

续表 7 – 26

阶段	结 果 分 析
面对面访谈 （2012 年 7 月 6 日）	马上购买可以去掉，因为一般不会只买一种产品。 购物车里，编辑完数量后，希望有一个刷新按钮，可以刷新界面，查看最新购买的金额。 希望商务随行软件的流程与易联网一致。 未付款订单列表缺少支付按钮，希望直接支付，不用查看详情
电话访谈 （2012 年 7 月 11 日）	1. 使用商务随行软件的情况 在所调查的 27 名业务员中，使用商务随行软件的业务员有 25 名，其中有 18 名主要用来查业绩，只 12 名业务员有过用于购物的经验。 2. 关于使用商务随行软件展示的现象 在所调查的 27 名业务员中，有 10 名过用商务随行软件向客户展示产品的经历，有 12 名表示没有这种经历。但有经历的用户都表示没有被别人看到业绩的情况或者不在乎被别人看到业绩，有人表示业绩基本是公开的，所以即使被看到也是无所谓的，因此，关于对用户业绩信息加密的功能对用户来说不是那么的迫切。 3. 业务员购买产品的情况 用户一般都会一次性购买多种产品，且一次的下单量都比较大，对于一次性只购买单件产品的情况不多。 4. 储备货物的情况 在受访的 27 名业务员中，有 24 名表示平时即使客户没有向其购买产品也会预先储备一些产品，有的是根据产品的销售情况，有的则会根据客户的需求，还有的会根据自己的经验，用于预防客户临时向其购买产品的突发状况。 5. 关于检库存的问题 在受访的 27 人中有 18 人表示遇到过买东西的时候没有库存，有的是在店里，有的是在易联网上，有的是在商务随行软件，对于有检库存的功能，用户基本表示希望存在。 6. 帮人下单的情况 共 27 名的受访者中有 21 名表示有过帮人下单的经历，其中有 16 名表示是在店铺中帮伙伴下单，7 名表示有通过易联网帮人完成下单，还有 3 名业务员表示有过用商务随行软件帮人下单的经历。从上述的数据中我们可以看出，在安利公司的业务员中，帮人下单的操作是一个比较普遍的操作，且在安利商务随行软件中添加该功能对用户来说是必要的。

续表 7 – 26

阶段	结 果 分 析
电话访谈 (2012 年 7 月 11 日)	7. 合并订单问题 在受访的用户中有 9 名表示使用过易联网上的合并订单的功能，有 8 名表示没有使用过易联网上的合并订单的功能。用户对这个功能有需求，但使用率并不高。 8. 更改地址的情况 共有 18 名受访者表示有更改地址的需求，有 6 名表示没有这个需求，一般送货到家里或者工作室、伙伴家，如果有添加修改地址的功能，用户觉得会更好。 9. 订单管理的模块问题 在受访的对象中有 7 名表示可以理解现在订单管理中的模块，有 9 名表示比较模糊或不理解。因此，订单管理的模块可以是我们后面优化的一个重点模块。 10. 登录顺序问题 在 27 名受访者中有 8 名表示更倾向于在进入软件的开始就登录，有 11 名表示更倾向于到要付款的时候在登录，另外有 5 名表示对登录的顺序无所谓。 11. 产品编号问题 受访者表示，平时购买某直销企业产品多通过产品的名称和产品的图片，只有 2 名表示偶尔会通过产品编号购买产品，用户基本上对产品的编号不了解
深度访谈 (2012 年 7 月 19 日)	1. 智能机和 APP 的使用情况 在 6 名业务员中有 6 名拥有或计划购买智能机，有 5 名表示使用某直销企业商务随行软件，其中有一半的业务员表示会用于查业绩和查看产品的信息，有 5 名业务员表示，周围使用某直销企业商务随行软件的伙伴并不多，周围人也多用于查业绩和查看产品的信息，很少用于购物。 2. 易联网和 APP 的购物情况 受访的 6 名业务员表示都有过在易联网购物的经历，也有过使用 APP 的购物经历，但大多数使用者表示，会使用 APP 的原因主要是因为送货比较方便。 3. 提前备货的情况 6 名受访者都表示会有提前备货的习惯，主要是根据客户的需要，但也有客户表示会为了累积到 2 000 元免去运费。 4. 业务员下单的情况 大部分受访者表示自己平时下单的频率是不固定的，平时一张单的产品数量都会比较大，金额基本在 2 000 元以上，也有业务员表示，经常会在月末为了追赶业绩会下比较多的单。

续表 7-26

阶段	结　果　分　析
深度访谈 (2012 年 7 月 19 日)	5. 重新下单问题 6 名受访者都表示有过重新下单的经历，之所以重新下单主要是因为产品在消费者中比较受欢迎。 6. 库存问题 在 6 名受访者中有 4 名表示遇到过没有库存的情况，用户对于原先某直销企业的检库存的按钮关注度都不太高。 7. 下单方式问题 所有受访者都表示，自己平时通过某直销企业商务随行软件购买产品时选择的下单方式是家居送货，一般会选择将货物送至自己的家中，有时也会选择送到工作室。 8. 帮人下单的情况 受访的 6 名业务员都表示有过帮人下单的经历，其中有 2 位表示次数不是很多，基本是在店铺或者易联网上完成帮人下单的操作。 9. 二维码使用情况 有 5 名受访者表示没有使用过二维码进行购物。 10. 支付方式 在全部受访者中有 4 名受访者选择的支付方式是支付宝，另外 2 名选择的是信用卡支付方式。 11. 更改地址的情况 在 6 名受访者中有 4 名表示修改地址的情况不多或者根本就没有
眼动仪 测试 (2012 年 7 月 19 日)	1. 产品详情页面 部分用户在列表页面直接购买产品，而不是点进详情继续购买。另外，有用户反映，产品详情的修改按钮过小，不好点击。 2. 购买用户问题 部分用户找不到修改用户的位置，且对"自用"意思也无法很好地理解。部分用户表示希望可以直接添加其他新用户的信息。 3. 页面图标问题 检库存的放大镜图标，在下午的 8 名测试用户中有 6 名认为是放大图片，显示产品详情。在上午的 7 名用户中，没有一个理解它为检库存意思的。 4. 购物车问题 上午的 7 名测试用户中有 2 名认为"在线购物"中的购物车应放在下面或右下角；有 2 名用户表示信息显示还可以，最好加鼠标移动时的提示；有 1 名用户表

续表 7 – 26

阶段	结 果 分 析
眼动仪测试 (2012 年 7月 19 日)	示购物车中的产品信息显示得比较混乱；还有 1 名用户表示放"几件"的信息没有用，一般下订都很多，界面上显示的信息越少越好。 下午的 8 名测试用户中，5 名表示购物车的位置比较合理；有 2 名用户表示购物车的图标放在页面下方比较好；有 2 名用户表示购物车页面的信息比较多、较杂，没有必要；还有 1 名用户表示同一个页面既有购物车图标又有加入购物车图标，容易混淆。 5. 支付问题 下午的 8 名测试用户表示，使用弹出框完成支付的设计不错。 6. 暂存问题 上午的 7 名测试用户中，有 1 名不理解意思，说明后觉得意义不大；有 3 名认为"暂存"是暂时保存成订单；还有 1 名用户表示支付前的暂存跟购物车一样，这样反而多了个步骤。 下午的 8 名测试用户中，有 3 名表示不知道意思；有 1 名表示"暂存"有些歧义，本来放在购物车就是暂存；还有 4 名测试用户认为"暂存"就是暂时保存信息，不立即支付。 7. 再次下单问题 上午的 7 名测试用户中，有 3 名认为"再次下单"是可以买同样的货；有 1 名测试用户认为如果是同样的地址，同样的货物，加量，不一定会用它，也可能会用。 下午的 8 名测试用户中，有 3 名测试用户表示可以理解"再次下单"的意思；有 2 名用户表示"再次下单"的功能比较方便；有 1 名表示再次下单的必要性不大，肯定要改；有 3 名用户认为"再次下单"就是重复购买
纸质原型测试 (2012 年 7月 19 日)	1. 产品详情 在 7 名测试用户中，有 2 名表示有时候不会点进产品详情再购买，希望可以直接在列表页面购买，且可以更改数量；有 1 名用户表示在产品详情页面中更改数量的按钮太小，不好点击。 2. 购买用户 在 7 名测试用户中，有 2 名表示修改购买客户功能的摆放位置有问题；有 2 名用户表示对"自用"不能理解，希望可以用本人卡号和名字代替"自用"；有 2 名用户表示希望可以通过修改购买用户的位置，直接添加新的购买用户。

续表 7 – 26

阶段	结 果 分 析
纸质原型测试（2012 年 7 月 19 日）	3. 图标问题 在 7 名测试用户中有 3 名表示不能理解购物车的图标是表示将产品加入购物车；有 1 个用户表示，点击购物车表示加入一件产品到购物车是没有意义的，一般不会一种产品只购买一件；还有 1 个用户误以为放大镜图标代表查看详情。 4. 我的收藏 在 7 个测试用户中有 4 个表示现在的"我的收藏"的位置不合理，很难找到；还有 2 个用户表示"我的收藏"模块的存在并没有意义，因为购买的产品一般都是自己比较熟悉的产品，不需要进行收藏的操作。 5. 购物车 在 7 个测试用户中有 1 个表示找不到购物车的位置；有 4 个觉得页面信息和页面布局存在问题；有 1 个表示不理解"电子券"的意思；7 名用户都表示在购物车页面编辑产品的数量和删除的操作不太方便；有 3 个表示修改地址的操作有困难；另外还有 1 个表示修改配送方式的操作有困难。 6. 暂存功能 在 7 名测试用户中有 4 名表示不能理解"暂存"的意思，而且认为"暂存"按钮的摆放位置也有问题。 7. 订单管理 在 7 个测试用户中有 1 个用户在跳转到"订单管理"的过程中遇到了问题；有 2 个用户表示订单详情的页面是没有必要的；有 3 个用户表示不知道可以点进查看订单详情；还有 1 个用户觉得详情页面和列表页面的信息没有差别；有 1 个用户觉得将"支付"按钮放在页面的上方不合理；还有 1 个用户混淆了"支付"和"合并支付"的意思。 8. 其他 有 1 个用户表示"热销产品"的模块没有存在的必要，因为自己购买产品不会因为是热销而去购买，觉得更加应该放"促销产品"；有 1 个用户表示喜欢回到首页进行操作，希望可以在每个页面有一个返回首页的入口；另外还有 1 个用户表示希望在选择"店铺自提"后可以选择店铺的位置

续表 7 - 26

阶　段	结　果　分　析
远程测试 (2012 年 8 月 8 日至 2012 年 8 月 17 日）	1. 任务一、二、三、五、六 有较大一部分的用户完成了任务一、任务二、任务三、任务五和任务六，他们完成任务的流程走向与我们预期的流程走向基本匹配，从而说明在原型的设计中与这 5 个任务相关的部分基本没有问题。 2. 任务四 用户在"订单草稿"页面的流失较大，分析原因，发现很多用户可能不理解"保存草稿"和"订单草稿"的概念，由于"订单草稿"的概念是根据其他的访谈调研得出的全新的概念，现在用户在概念理解上出现了问题，说明"订单草稿"的设置是有问题的，因此，我们针对现有的原型进行了一次优化：去掉"订单草稿"，以多购物车的形式代替"订单草稿"。然后为了检验多购物车的功能，我们进行了第二轮的网络测试，即任务七。 3. 任务七 用户在"购物车列表"页面的流失较大，分析原因，发现很多用户可能不知道在"购物车列表"页面可以直接修改全部"家居送货"的购物车地址，从而导致他们没有完成任务。说明我们在"购物车列表"页面的修改地址的功能设置存在问题，不够明显，导致用户不能快速、直观地找到修改地址的功能。因此，在该测试的原型版本上，我们对原型"购物车列表"页面进行了进一步的优化，凸显了直接修改地址的功能，从而得到了最终一版的原型

7.3.7　原型修改建议

综合以上的访谈和测试获得的信息和分析结果，我们对原型的修改提出了一些意见（表 7 - 27）。

表 7 - 27　修改意见

对应模块	修 改 意 见
在线购物页面	①可以适当地隐藏"我的收藏"功能。 ②希望将"促销产品"的信息添加到在线购物页面。 ③可以在当前页面供用户选择购买对象和下单方式
产品列表页面	①可以去掉放大镜图标。 ②可以换掉购物车图标，替换成更加适合的图标。 ③可以添加一个在当前页面选择购买数量的功能
产品详情页面	①将图标的大小调到适中。 ②在当前页面去掉"立即购买"的按钮。 ③提供一个从当前页面跳到购物车的出口
我的收藏页面	①提供用户在当前页面直接修改数量并加入到购物车中。 ②可以在点击产品后查看到产品的详情
购物车页面	①产品的信息只放简单的信息。 ②产品的分布要有一定的规律，例如按不同的购买对象分布。 ③产品数量的编辑可以做的明显一点，且要易于用户操作
订单管理页面	①可以去掉用户用不到的"订单状态"。 ②订单状态可以尽量简单，按类分好后只在列表页面呈现订单编号、用户、数量、总价等重要信息
未付款订单页面	①给用户提供删除和支付的出口。 ②用户点击支付后可以直接跳转到支付的页面
已付款订单页面	①给用户提供删除和重新下单的功能。 ②订单的排列顺序可以根据时间来排。 ③点击"重新下单"后可以跳转到购物车，提供用户添加或删减产品，以及对其数量进行修改的功能

续表 7 – 27

对应模块	修 改 意 见
支付页面	①可以呈现订单详情，使用户确定订单和支付在一个页面全部完成。 ②支付方式可以简单一点呈现，将支付宝和银联方式放在较前面的位置
快速页面	可以提供用户直接输入产品的大概名称，而不是只允许输入产品的编号

7.3.8 原型流程

原型流程见图 7 – 18～图 7 – 20。

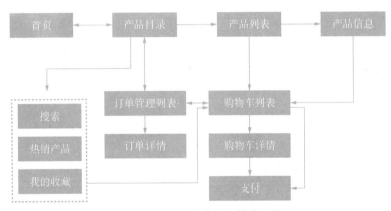

图 7 – 18 "在线购物"模块流程

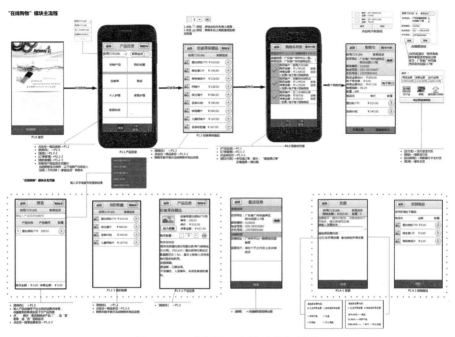

图 7-19　OP 图"在线购物"模块

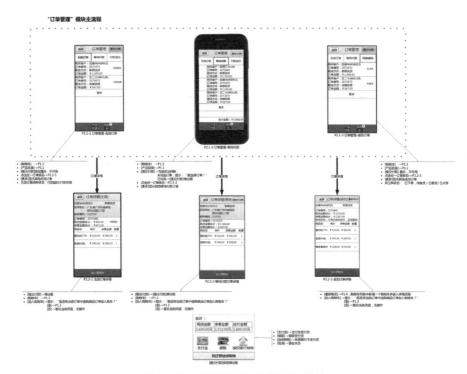

图 7-20　OP 图"订单管理"模块

7.3.9　原型效果

原型效果见图 7 – 21。

图 7 – 21　原型效果

参考文献

［1］ RUBIN J，CHISNELL D. Handbook of usability testing：How to plan，design，and conduct effective tests ［M］. 2nd. Hbboken：Wiley Press，2008.

［2］ TULLIS T，ALBERT W. Measuring the user experience collecting，analyzing and presenting usability ［M］. San Francisco：Morgan Kaufmann，2008.

［3］ DUMAS J S，REDISH J C. A practical guide to usability testing ［M］. Bristol：Metrics Intellect Ltd，1999.

［4］ BARNUM C M，DRAGGA S. Usability testing and research ［M］. Hong Kong：（interactne technologies）Longman，2001.

［5］ NIELSEN J，MACK R L. Usability inspection methods ［M］. New York：John Wiley and Sons，1994.

［6］ ROUSE R. Game design：Theory & practice ［M］. Boston：Wordware Publishing，2000.

［7］ SHNEIDERMAN B. Designing the user interface：Strategies for effective human – computer interaction ［M］. 6th. New Jersey：Addison – Wesley，2006.

［8］ ［美］HEIM S. 和谐界面：交互设计基础 ［M］. 李学庆，译. 北京：电子工业出版社，2008.

［9］ ［美］KRUG S. 妙手回春——网站可用性测试及优化指南 ［M］. 袁国忠，译. 北京：人民邮电出版社，2010.

［10］ ［美］GARRETT J J. 用户体验的要素——以用户为中心的 Web 设计 ［M］. 范晓燕，译. 北京：机械工业出版社，2007.

［11］ ［美］沙尔文迪. 人机交互：以用户为中心的设计和评估 ［M］. 董建民，傅利民，译. 北京：清华大学出版社，2003.

［12］ NORMAN D. 设计心理学 ［M］. 梅琼，译. 北京：中信出版社，2010.

［13］ ［美］库涅夫斯基. 用户体验面面观——方法、工具与实践 ［M］. 汤海，译. 北京：清华大学出版社，2010.

［14］胡飞. 聚焦用户：UCD 观念与实务［M］. 北京：中国建筑工业出版社，2009.

［15］［美］FRIEDL M. 在线游戏互动性理论［M］. 陈宗斌，译. 北京：清华大学出版社，2006.

［16］范圣玺. 行为与认知的设计·设计的人性化［M］. 北京：中国电力出版社，2009.

［17］丁玉兰. 人机工程学［M］. 修订版. 北京：北京理工大学出版社，2005.

［18］叶展. 游戏的设计与开发——梦开始的地方［M］. 北京：人民交通出版社，2003.

［19］闫国利，田宏杰. 眼动记录技术与方法综述［J］. 应用心理学，2004，10（2）：55－58.

［20］NIELSEN J. Usability 101：Introduction to Usability［DB/OL］. ［2013－12－08］. http://www. nngroup. com/articles/usability－101－introduction－to－usability/.

［21］李乐山. 设计调查［M］. 北京：中国建筑工业出版社，2007.

［22］由芳，王建民，肖静如. 交互设计：设计思维与实践［M］. 北京：电子工业出版社，2017.

［23］王建民. 信息架构设计［M］. 广州：中山大学出版社，2017.

附　录

附录 A　可用性测试报告中常用的一些表格信息示例

被测者特征信息见附表 1。

附表 1　被测者特征信息示例

被测者	性别	年龄	教育	职务	职业经验	计算机使用经验
被测者 1	男	25	本科	顾问助理	从事人力资源管理相关的工作	经常使用电子邮箱、QQ 和 MSN；熟悉各办公软件的使用，如 Microsoft Word；日均使用电脑时间为 5 小时
被测者 2	男	28	硕士	网络维护工程师	在通信类公司从事网络维护方面的工作	本科专业为计算机相关专业，熟悉计算机组成原理和常用编程语言等知识；经常使用电子邮箱、QQ 和 MSN；懂得操作常用办公软件；日均使用电脑时间为 7 小时
被测者 3	女	26	本科	销售助理	在 IT 公司从事销售方面的工作	本科专业为计算机专业；经常使用电子邮箱、QQ 和 MSN；熟悉常用办公软件；日均使用电脑时间为 6 小时

附表 1 展示的都是一些典型的用户特征信息，包含人口统计、职业经验、计算机经验等信息。

单个度量结果见附表 2。

附表 2　某任务的有效性结果示例

任务	没有帮助情况下的任务有效性完成率	有帮助情况下的任务有效性完成率	任务时间最小值/分	...	出错次数/次	帮助次数/次
被测者 1	100%	100%	4	—	0	0
被测者 2	80%	100%	6	—	3	2
被测者 3	90%	100%	5	—	2	2
均数	90%	100%	5	—	1	1
最小值	80%	100%	4	—	0	0
最大值	100%	100%	6	—	3	2

附表 2 描述了被测者执行某任务的有效性结果。

所有度量结果见附表 3。

附表 3　某任务的所有度量结果示例

任务	度量 1 完成率	度量 2 错误耗费时间/分	...	度量 N 有效帮助率
被测者 1	100%	1	—	100%
被测者 2	80%	3	—	60%
被测者 3	90%	2	—	80%
均数	90%	2	—	80%
最小值	80%	1	—	60%
最大值	100%	3	—	100%

附表 3 描述了被测者执行某任务的所有度量结果。

单个度量的被测者行为结果见附表 4。

附表 4　被测者有效性行为结果示例

所有任务	所有没有帮助任务的有效性完成率	所有有帮助任务的有效性完成率	所有任务总时间/分	...	所有出错总次数	所有帮助总次数
被测者 1	80%	90%	60	—	10	10
被测者 2	90%	100%	50	—	8	6
被测者 3	100%	100%	40	—	2	0
均数	90%	93%	50	—	6	5
最小值	80%	90%	40	—	2	0
最大值	100%	100%	60	—	10	10

附表 4 针对有效性度量，描述了被测者执行所有任务的行为结果。

所有度量的被测者行为结果见附表 5。

附表 5　被测者在所有度量上的整体行为结果示例

所有任务	总度量 1 完成率	总度量 2 错误耗费时间比率	...	总度量 N 出错总次数/次
被测者 1	100%	25%	—	10
被测者 2	100%	10%	—	5
被测者 3	100%	10%	—	3
均数	100%	15%	—	6
最小值	100%	10%	—	3
最大值	100%	25%	—	10

附表 5 描述了被测者在所有度量上的整体行为结果。

满意度结果见附表 6。

附表6　被测者满意度结果示例

任务	易用	外观	清晰	...
被测者1	80%	100%	70%	—
被测者2	90%	90%	90%	—
被测者3	70%	80%	80%	—
均数	80%	90%	80%	—
最小值	70%	80%	70%	—
最大值	90%	100%	90%	—

附录 B　ISO 9241 标准

国际与人机交互相关国际标准对应的国内标准见附表7。

附表7　人机交互相关国际标准与对应的国内标准

ISO 国际标准			对应的国家标准（翻译 ISO 国际标准）		
ISO 国际标准号	标准名字	页数	国家标准号	标准名字	页数
ISO 13407：1999	Human – Centered Design Process	26	GB/T 18976—2003	以人为中心的交互系统设计过程	26
ISO/TR 16982：2002	Ergonomics of human – system interaction—Usability methods supporting human – centred design	44	GB/T 21051—2007	人—系统交互工效学 支持以人为中心设计的可用性方法	39

续附表7

ISO 国际标准			对应的国家标准（翻译 ISO 国际标准）		
ISO 国际标准号	标准名字	页数	国家标准号	标准名字	页数
ISO/IEC 25062：2006	Common Industry Format (CIF) for usability test reports	46	（无对应的国家标准）		
ISO 9241-1：1997	Ergonomic requirements for office work with visual display terminals (VDTs) — Part 1：General introduction	7	GB/T 18978.1—2003	使用视觉显示终端（VDTs）办公的人类工效学要求 第1部分：概述	18
ISO 9241-2：1992	Ergonomic requirements for office work with visual display terminals (VDTs) — Part 2：Guidance on task requirements	3	GB/T 18978.2—2004	使用视觉显示终端（VDTs）办公的人类工效学要求 第2部分：任务要求指南	8
ISO 9241-3：1992	Ergonomic requirements for office work with visual display terminals (VDTs) — Part 3：Visual display requirements	28	（无对应的国家标准）		
ISO 9241-4：1998	Ergonomic requirements for office work with visual display terminals (VDTs) — Part 4：Keyboard requirements	27	（无对应的国家标准）		

续附表7

ISO 国际标准			对应的国家标准（翻译 ISO 国际标准）		
ISO 国际标准号	标准名字	页数	国家标准号	标准名字	页数
ISO 9241 – 5：1998	Ergonomic requirements for office work with visual display terminals (VDTs) — Part 5：Workstation layout and postural requirements	25	（无对应的国家标准）		
ISO 9241 – 6：1999	Ergonomic requirements for office work with visual display terminals (VDTs) — Part 6：Guidance on the work environment	32	（无对应的国家标准）		
ISO 9241 – 7：1998	Ergonomic requirements for office work with visual display terminals (VDTs) — Part 7：Requirements for display with reflections	31	（无对应的国家标准）		
ISO 9241 – 8：1997	Ergonomic requirements for office work with visual display terminals (VDTs) — Part 8：Requirements for displayed colours	27	（无对应的国家标准）		
ISO 9241 – 9：2000	Ergonomic requirements for office work with visual display terminals (VDTs) — Part 9：Requirements for non – keyboard input devices	47	（无对应的国家标准）		

续附表7

ISO 国际标准			对应的国家标准（翻译 ISO 国际标准）		
ISO 国际标准号	标准名字	页数	国家标准号	标准名字	页数
ISO 9241－110：2006（即ISO9241－10：1996 的修订版本）	Ergonomics of human－system interaction—Part 110：Dialogue principles	22	GB/T 18978.10—2004（对应 ISO 9241—10：1996）	使用视觉显示终端（VDTs）办公的人类工效学要求 第10部分：对话原则	12
ISO 9241－11：1998	Ergonomic requirements for office work with visual display terminals（VDTs）—Part 11：Guidance on usability	22	GB/T 18978.11—2004	使用视觉显示终端（VDTs）办公的人类工效学要求 第11部分：可用性指南	24
ISO 9241－12：1998	Ergonomic requirements for office work with visual display terminals（VDTs）—Part 12：Presentation of information	46	（无对应的国家标准）		
ISO 9241－13：1998	Ergonomic requirements for office work with visual display terminals（VDTs）—Part 13：User guidance	32	（无对应的国家标准）		
ISO 9241－14：1997	Ergonomic requirements for office work with visual display terminals（VDTs）—Part 14：Menu dialogues	57	（无对应的国家标准）		
ISO 9241－15：1997	Ergonomic requirements for office work with visual display terminals（VDTs）—Part 15：Command dialogues	29	（无对应的国家标准）		

续附表7

ISO 国际标准			对应的国家标准（翻译 ISO 国际标准）		
ISO 国际标准号	标准名字	页数	国家标准号	标准名字	页数
ISO 9241 – 16：1999	Ergonomic requirements for office work with visual display terminals（VDTs）—Part 16：Direct manipulation dialogues	32	（无对应的国家标准）		
ISO 9241 – 17：1998	Ergonomic requirements for office work with visual display terminals（VDTs）—Part 17：Form filling dialogues	35	（无对应的国家标准）		
ISO 9241 – 20：2008	Ergonomics of human – system interaction—Part 20：Accessibility guidelines for information/communication technology（ICT）equipment and services	42	（无对应的国家标准）		
ISO 9241 – 151：2008	Ergonomics of human – system interaction—Part 151：Guidance on World Wide Web user interfaces	49	（无对应的国家标准）		
ISO 9241 – 400：2007	Ergonomics of human—system interaction—Part 400：Principles and requirements for physical input devices	35	（无对应的国家标准）		

续附表7

ISO 国际标准			对应的国家标准（翻译 ISO 国际标准）		
ISO 国际标准号	标准名字	页数	国家标准号	标准名字	页数
ISO 9241 – 410：2008	Ergonomics of human – system interaction—Part 410：Design criteria for physical input devices	100	（无对应的国家标准）		
ISO/TS 16071：2003（即ISO/DIS 9241 – 171 的修订版本）	Ergonomics of human – system interaction—Guidance on accessibility for human – computer interfaces	29	（无对应的国家标准）		
ISO/IEC 9126 – 1：2001	Software engineering—Product quality—Part 1：Quality model（available in English only）	25	GB/T 16260.1—2006	软件工程 产品质量 第 1 部分：质量模型	
ISO/IEC TR 9126 – 2：2003	Software engineering—Product quality—Part 2：External metrics（available in English only）	86	GB/T 16260.2—2006	软件工程 产品质量 第 2 部分：外部度量	
ISO/IEC TR 9126 – 3：2003	Software engineering—Product quality—Part ：Internal metrics（available in English only）	62	GB/T 16260.3—2006	软件工程 产品质量 第 3 部分：内部度量	
ISO/IEC TR 9126 – 4：2004	Software engineering—Product quality—Part 4：Quality in use metrics（available in English only）	59	GB/T 16260.4—2006	软件工程 产品质量 第 4 部分：使用质量的度量	

续附表7

ISO 国际标准			对应的国家标准（翻译 ISO 国际标准）		
ISO 国际标准号	标准名字	页数	国家标准号	标准名字	页数
IEC 62366：2007	Medical devices—Application of usability engineering to medical devices	198	（无对应的国家标准）		
ISO/IEC 14598－1：1999	Information technology—Software product evaluation—Part 1：General overview	19	GB/T 18905.1—2002	软件工程 产品评价 第1部分：概述	18
ISO/IEC 14598－3：2000	Software engineering—Product evaluation—Part 3：Process for developers	16	GB/T 18905.3—2002	软件工程 产品评价 第3部分：开发者用的过程	17
ISO/IEC 14598—5：1998	Information technology—Software product evaluation—Part 5：Process for evaluators	35	GB/T 18905.5—2002	软件工程 产品评价 第5部分：评价者用的过程	28
ISO/IEC 15504－3：2004	Information technology—Process assessment—Part 3：Guidance on performing an assessment	54	（无对应的国家标准）		
ISO/TR 18529：2000	Ergonomics—Ergonomics of human－system interaction—Human－centred life-cycle process descriptions（available in English only）	28	（无对应的国家标准）		

续附表7

ISO 国际标准			对应的国家标准（翻译 ISO 国际标准）		
ISO 国际标准号	标准名字	页数	国家标准号	标准名字	页数
ISO 20282 – 1：2006	Ease of operation of everyday products—Part 1：Design requirements for context of use and user characteristics	27	（无对应的国家标准）		
ISO/TS 20282 –2：2006	Ease of operation of everyday products—Part 2： Test method for walk – up – and – use products	32	（无对应的国家标准）		
WCAG 1.0	Web Content Accessibility Guidelines 1. 0 （Web Accessibility Initiative（WAI））	37	（无对应的国家标准）		
WCAG 2.0 Working Draft	Web Content Accessibility Guidelines 2.0 （Web Accessibility Initiative（WAI））	44	（无对应的国家标准）		